2021 中国生态环境统计年报

ANNUAL STATISTIC REPORT ON ECOLOGY AND ENVIRONMENT IN CHINA

中华人民共和国生态环境部　编

MINISTRY OF ECOLOGY AND ENVIRONMENT OF THE PEOPLE'S REPUBLIC OF CHINA

中国环境出版集团・北京

图书在版编目（CIP）数据

中国生态环境统计年报. 2021 /中华人民共和国生态环境部编.—北京：中国环境出版集团，2022.12

ISBN 978-7-5111-5364-7

Ⅰ. ①中… Ⅱ. ①中… Ⅲ. ①环境统计－统计资料－中国—2021—年报 Ⅳ. ①X508.2-54

中国版本图书馆 CIP 数据核字（2022）第 236591 号

出 版 人　武德凯
责任编辑　殷玉婷
封面设计　彭　杉

出版发行　中国环境出版集团
（100062　北京市东城区广渠门内大街 16 号）
网　　址：http://www.cesp.com.cn
电子邮箱：bjgl@cesp.com.cn
联系电话：010-67112765（编辑管理部）
发行热线：010-67125803，010-67113405（传真）

印　　刷　北京中科印刷有限公司
经　　销　各地新华书店
版　　次　2022 年 12 月第 1 版
印　　次　2022 年 12 月第 1 次印刷
开　　本　880×1230　1/16
印　　张　11.25
字　　数　310 千字
定　　价　150.00 元

编委会

《中国生态环境统计年报 2021》

各章主要编写作者

综　述	董广霞
1　调查对象	董广霞
2　废水污染物	张　震
3　废气污染物	李　曼　张　震
4　工业固体废物、危险废物和化学品环境国际公约管控物质生产或库存总体情况	吕　卓
5　污染治理设施	赵银慧　吕　卓
6　生态环境污染治理投资	李　曼
7　生态环境管理	王　鑫
8　全国辐射环境水平	王　蕾
9　各地区污染排放及治理统计	吕　卓
10　各工业行业污染排放及治理统计	吕　卓
11　168个重点城市废气污染排放及治理统计	吕　卓
12　重点流域工业废水污染排放及治理统计	吕　卓
13　各地区生态环境管理统计	王　鑫
14　主要统计指标解释	赵文江

编者说明

一、本年报资料覆盖全国 31 个省（自治区、直辖市）及新疆生产建设兵团数据，未包括香港特别行政区、澳门特别行政区以及台湾省数据。

二、本年报主要反映全国污染物排放及治理、生态环境管理等情况。主要内容包括调查对象基本情况、废水污染物排放情况、废气污染物排放情况、工业固体废物和危险废物产生及处理情况、化学品环境国际公约管控物质生产或库存情况、污染治理设施运行情况、生态环境污染治理投资、生态环境管理和全国辐射环境水平等。

全国污染物排放及治理数据为 31 个省（自治区、直辖市）和新疆生产建设兵团的汇总数据（其中，新疆生产建设兵团数据汇总入新疆维吾尔自治区）；化学品环境国际公约管控物质生产或库存情况、生态环境管理、全国辐射环境水平内容由生态环境部相关职能部门提供。

三、调查范围和对象

1.本年报所用排放源统计数据为《排放源统计调查制度》（国统制〔2021〕18 号）调查数据，其调查范围为各省、自治区、直辖市辖区内有污染物产生或排放的工业污染源（以下简称工业源）、农业污染源（以下简称农业源）、生活污染源（以下简称生活源）、集中式污染治理设施和移动源。自 2021 年度起，排放源统计数据依据《排放源统计调查产排污核算方法和系数手册》（生态环境部公告 2021 年第 24 号）进行核算。自 2020 年度起，挥发性有机物排放量为部分行业和领域的尝试性调查结果。

工业源调查对象为《国民经济行业分类》（GB/T 4754—2017）中采矿业，制造业，电力、热力、燃气及水的生产和供应业 3 个门类中纳入调查的工业企业（不含军队企业），分为重点调查对象和非重点调查对象。废水化学需氧量、氨氮、总氮和总磷排放量包含非重点调查单位，废水其他污染物排放量、废气污染物排放量、一般工业固体废物及工业危险废物产生及利用情况不包含非重点调查单位。

农业源调查对象为省级负责种植业、畜禽养殖业和水产养殖业排放源统计工作的部门，其中，畜禽养殖业包括生猪、奶牛、肉牛、蛋鸡、肉鸡五类畜种的规模养殖场及规模以下养殖户。

生活源调查对象为地市级及省直管县级负责城乡居民生活及《国民经济行业分类》（GB/T 4754—2017）中第三产业排放源统计工作的部门，其中，生活源废气污染还包括工业源废气非重点调查单位。

集中式污染治理设施调查对象为污水处理厂、生活垃圾处理场（厂）、危险废物（医疗废物）集中处理厂。

移动源调查对象为省级负责机动车排放源统计工作的部门。

2.本年报所用生态环境管理统计数据为《生态环境管理统计调查制度》（国统办函〔2020〕26 号）调查数据。生态环境管理反映生态环境系统自身能力建设、业务工作进展及成果等情况，主要包括生态环境信访、生态环境法规与标准、清洁生产审核、生态环境监测、辐射环境监测、生态环境执法、环境应急情况等内容。

四、本年报中，部分数据合计数或占比数由于单位取舍不同而产生的计算误差，均未做机械调整。

目 录

II

IV

12 重点流域工业废水污染排放及治理统计 125～131

13 各地区生态环境管理统计 132～154

14 主要统计指标解释 155～169

综　述

2021 年，全国生态环境系统深入学习贯彻习近平生态文明思想，认真落实党中央、国务院决策部署，准确把握新发展阶段、深入贯彻新发展理念、加快构建新发展格局，扎实推进生态环境保护工作，国民经济和社会发展计划中生态环境领域 8 项约束性指标顺利完成，污染物排放持续下降，生态环境质量持续改善，生态环境保护实现“十四五”良好开局。

2021 年，开展排放源统计重点调查的工业企业共 165 190 家，污水处理厂 12 586 家（含日处理能力 500 吨以上的农村污水处理设施），生活垃圾处理场（厂）2 318 家（含餐厨垃圾集中处理厂 72 家），危险废物（医疗废物）集中处理厂 2 073 家。

2021 年，排放源统计调查范围内废水中化学需氧量排放量为 2 531.0 万吨，其中，工业源废水中化学需氧量排放量为 42.3 万吨，农业源化学需氧量排放量为 1 676.0 万吨，生活源污水中化学需氧量排放量为 811.8 万吨，集中式污染治理设施废水（含渗滤液）中化学需氧量排放量为 0.9 万吨；氨氮排放量为 86.8 万吨，其中，工业源废水中氨氮排放量为 1.7 万吨，农业源氨氮排放量为 26.9 万吨，生活源污水中氨氮排放量为 58.0 万吨，集中式污染治理设施废水（含渗滤液）中氨氮排放量为 0.1 万吨。

2021 年，排放源统计调查范围内废气中二氧化硫排放量为 274.8 万吨，其中，工业源废气中二氧化硫排放量为 209.7 万吨，生活源废气中二氧化硫排放量为 64.9 万吨，集中式污染治理设施废气中二氧化硫排放量为 0.3 万吨；氮氧化物排放量为 988.4 万吨，其中，工业源废气中氮氧化物排放量为 368.9 万吨，生活源废气中氮氧化物排放量为 35.9 万吨，移动源废气中氮氧化物排放量为 582.1 万吨，集中式污染治理设施废气中氮氧化物排放量为 1.5 万吨；颗粒物排放量为 537.4 万吨，其中，工业源废气中颗粒物排放量为 325.3 万吨，生活源废气中颗粒物排放量为 205.2 万吨，移动源废气中颗粒物排放量为 6.8 万吨，集中式污染治理设施废气中颗粒物排放量为 0.1 万吨；挥发性有机物排放量为 590.2 万吨，其中，工业源废气中挥发性有机物排放量为 207.9 万吨，生活源废气中挥发性有机物排放量为 182.0 万吨，移动源废气中挥发性有机物排放量为 200.4 万吨。

2021 年，排放源统计调查范围内一般工业固体废物产生量为 39.7 亿吨，综合利用量为 22.7 亿吨，处置量为 8.9 亿吨；工业危险废物产生量为 8 653.6 万吨，利用处置量为 8 461.2 万吨。

1

调查对象

1.1 调查对象总体情况

工业源对重点调查单位逐家调查，农业源对省级行政单位整体调查，生活源对地级等行政单位整体调查，集中式污染治理设施对重点调查单位逐家调查，移动源对地级等行政单位整体调查。

2021 年，工业源和集中式污染治理设施调查对象共 182 167 家，其中，工业企业 165 190 家，污水处理厂 12 586 家，生活垃圾处理场（厂）2 318 家（含餐厨垃圾集中处理厂 72 家），危险废物集中处理厂 1 528 家，（单独）医疗废物集中处置厂 389 家，协同处置企业 156 家。调查对象数量排名前三的地区依次为广东、浙江和河北，分别为 18 978 家、18 221 家和 12 929 家。2021 年各地区调查对象数量分布情况见图 1-1。

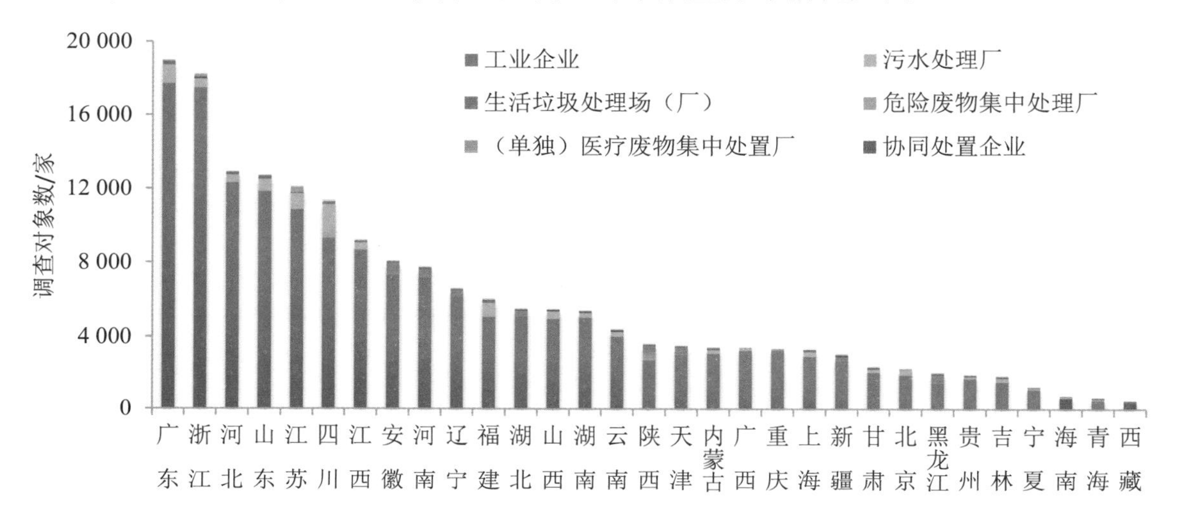

图 1-1 2021 年各地区调查对象数量分布情况

1.2 工业源调查基本情况

2021 年，全国重点调查工业企业 165 190 家，其中，有废水污染物产生或排放的企业 75 276 家，有废气污染物产生或排放的企业 146 771 家，有一般工业固体废物产生的企业 114 886 家，有工业危险废物产生的企业 87 928 家。

调查工业企业数量排名前三的地区依次为广东、浙江和河北，分别为 17 712 家、17 472 家和 12 321 家。2021 年各地区调查工业企业数量分布情况见图 1-2。

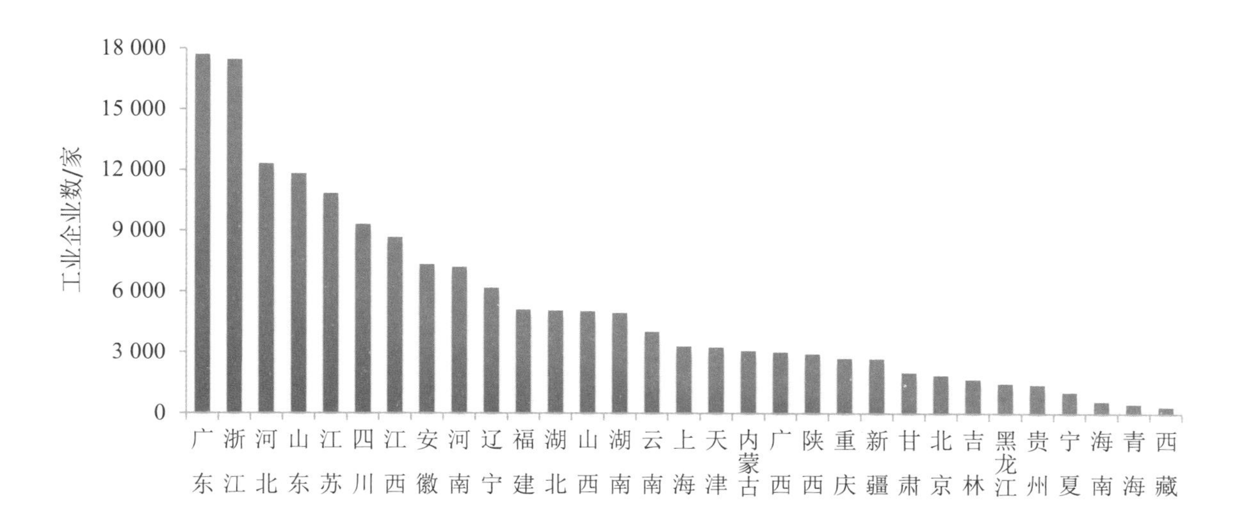

图 1-2　2021 年各地区调查工业企业数量分布情况

1.3　农业源调查基本情况

2021 年，对全国 31 个省（自治区、直辖市）和新疆生产建设兵团开展了农业源统计调查。

1.4　生活源调查基本情况

2021 年，对全国 31 个省（自治区、直辖市）和新疆生产建设兵团的 383 个行政单位开展了生活源统计调查。

1.5　集中式污染治理设施调查基本情况①

2021 年，全国共调查了 12 586 家污水处理厂、2 318 家生活垃圾处理场（厂）（含 72 家餐厨垃圾集中处理厂）、1 528 家危险废物集中处理厂、389 家（单独）医疗废物集中处置厂、156 家协同处置企业。集中式污染治理设施调查数量排名前三的地区依次为四

① 从 2020 年起，垃圾焚烧发电厂和水泥窑协同处置垃圾的企业全部纳入工业源统计调查，不再纳入集中式污染治理设施统计调查，下同。

川、广东和江苏，分别为 2 022 家、1 266 家和 1 252 家。2021 年各地区调查集中式污染治理设施数量分布情况见图 1-3。

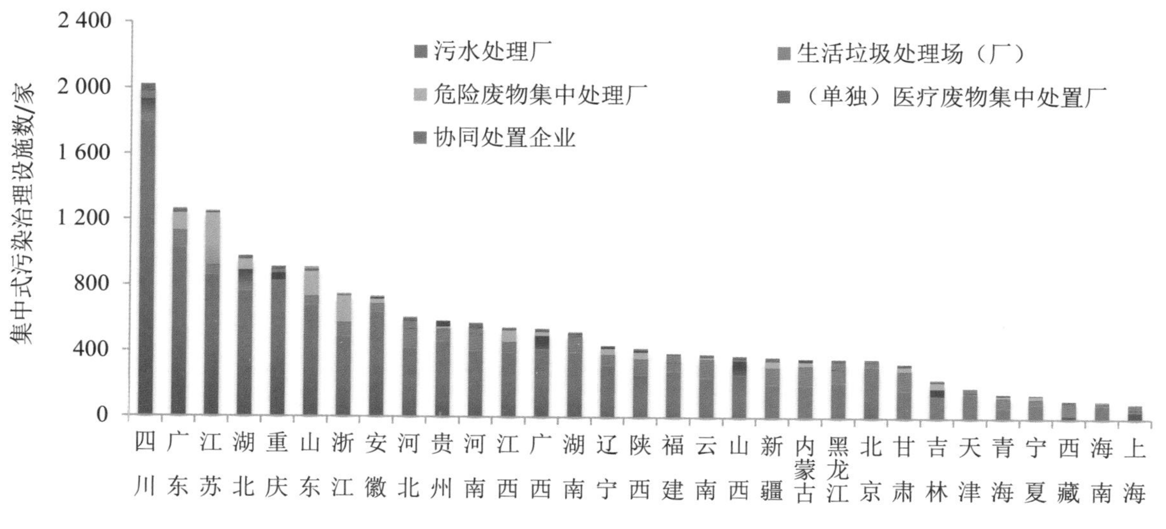

图 1-3　2021 年各地区调查集中式污染治理设施数量分布情况

1.6　移动源调查基本情况

2021 年，对全国 31 个省（自治区、直辖市）和新疆生产建设兵团的 363 个行政单位开展了移动源统计调查。

2

废水污染物

2.1 化学需氧量排放情况

根据《排放源统计调查制度》（国统制〔2021〕18 号），化学需氧量排放量统计调查范围包括工业源、农业源、生活源和集中式污染治理设施四类排放源。

工业源化学需氧量统计调查范围包括《国民经济行业分类》（GB/T 4754—2017）中采矿业，制造业，电力、热力、燃气及水的生产和供应业 3 个门类的工业企业（不含军队企业），包括工业重点调查单位和非重点调查单位。

农业源化学需氧量统计调查范围包括畜禽养殖业和水产养殖业，畜禽养殖业统计范围包括生猪、奶牛、肉牛、蛋鸡、肉鸡五类畜禽的规模化养殖场及规模以下养殖户，水产养殖业包括人工淡水养殖和人工海水养殖。

生活源化学需氧量统计调查范围包括第三产业和居民生活（城镇和农村）污染排放。

集中式污染治理设施化学需氧量统计调查范围包括生活垃圾处理场（厂）和危险废物（医疗废物）集中处理厂。

2.1.1 全国及分源排放情况

2021 年，在《排放源统计调查制度》确定的统计调查范围内，全国化学需氧量排放量为 2 531.0 万吨。其中，工业源（含非重点）废水中化学需氧量排放量为 42.3 万吨，占 1.7%；农业源化学需氧量排放量为 1 676.0 万吨，占 66.2%；生活源污水中化学需氧量排放量为 811.8 万吨，占 32.1%；集中式污染治理设施废水（含渗滤液）中化学需氧量排放量为 0.9 万吨，占 0.04%。2021 年全国及分源化学需氧量排放情况见表 2-1。

表 2-1　2021 年全国及分源化学需氧量排放情况

项目	合计	工业源	农业源	生活源	集中式污染治理设施
排放量/万吨	2 531.0	42.3	1 676.0	811.8	0.9
占比/%	—	1.7	66.2	32.1	0.04

注：①集中式污染治理设施废水（含渗滤液）中污染物排放量指生活垃圾处理场（厂）和危险废物（医疗废物）集中处理厂废水（含渗滤液）中污染物的排放量，下同。

②本年报表中，“—”表示无此项指标或不宜计算，“…”表示由于数字太小，修约后小于保留的最小位数无法显示，下同。

③本年报中，部分数据合计数或占比数由于单位取舍不同而产生的计算误差，均未做机械调整，下同。

2.1.2 各地区及分源排放情况

2021 年，化学需氧量排放量排名前五的地区依次为广东、湖北、山东、河北和河南，排放量合计为 776.5 万吨，占全国化学需氧量排放量的 30.7%。2021 年各地区化学需氧量排放情况见图 2-1。

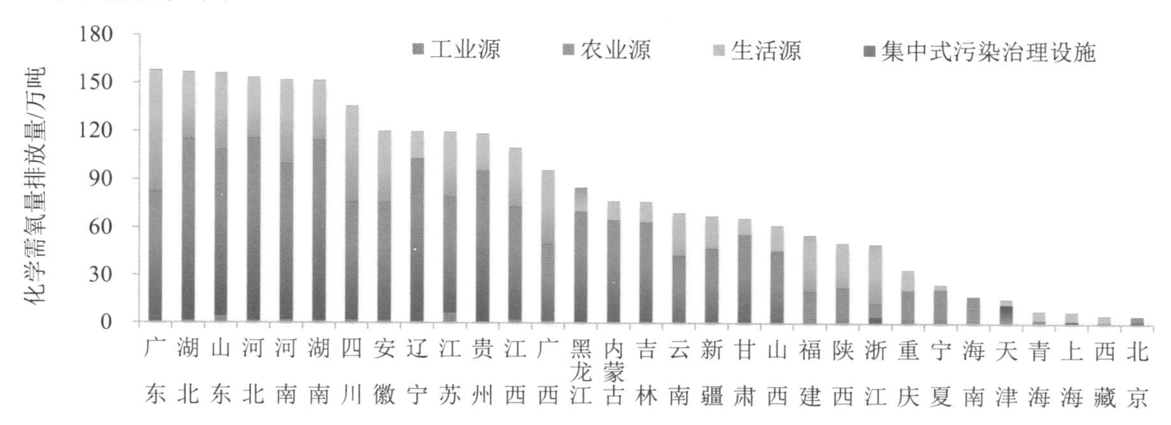

图 2-1　2021 年各地区化学需氧量排放情况

2.1.3　各工业行业排放情况

2021 年，在统计调查的 42 个工业行业中，化学需氧量排放量排名前三的行业依次为纺织业、造纸和纸制品业、化学原料和化学制品制造业。3 个行业的排放量合计为 16.6 万吨，占全国工业源重点调查企业化学需氧量排放量的 44.0%。2021 年各工业行业化学需氧量排放情况见图 2-2。

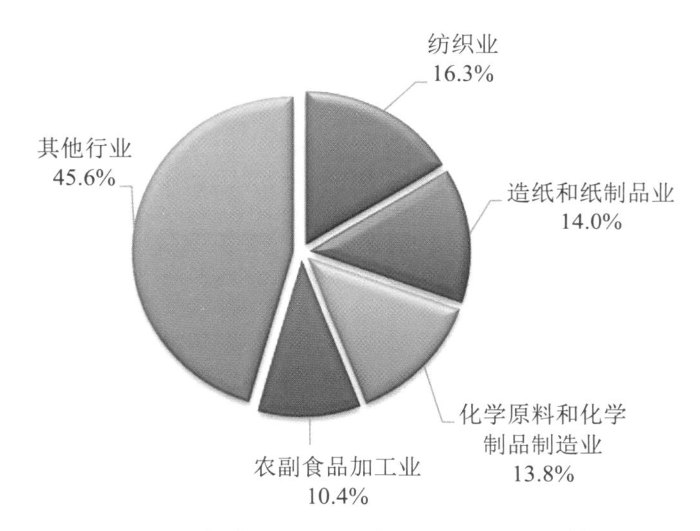

图 2-2　2021 年各工业行业化学需氧量排放情况

2.2　氨氮排放情况

根据《排放源统计调查制度》（国统制〔2021〕18 号），氨氮排放量统计调查范围包括工业源、农业源、生活源和集中式污染治理设施四类排放源。

工业源氨氮统计调查范围包括《国民经济行业分类》（GB/T 4754—2017）中采矿业，制造业，电力、热力、燃气及水的生产和供应业 3 个门类的工业企业（不含军队企业），包括工业重点调查单位和非重点调查单位。

农业源氨氮统计调查范围包括种植业、畜禽养殖业和水产养殖业，种植业统计范围包括农作物种植和园地种植，畜禽养殖业包括生猪、奶牛、肉牛、蛋鸡、肉鸡五类畜禽的规模化养殖场及规模以下养殖户，水产养殖业包括人工淡水养殖和人工海水养殖。

生活源氨氮统计调查范围包括第三产业和居民生活（城镇和农村）污染排放。

集中式污染治理设施氨氮统计调查范围包括生活垃圾处理场（厂）和危险废物（医疗废物）集中处理厂。

2.2.1 全国及分源排放情况

2021 年，在《排放源统计调查制度》确定的统计调查范围内，全国氨氮排放量为 86.8 万吨。其中，工业源（含非重点）氨氮排放量为 1.7 万吨，占 2.0%；农业源氨氮排放量为 26.9 万吨，占 31.0%；生活源氨氮排放量为 58.0 万吨，占 66.9%；集中式污染治理设施废水（含渗滤液）中氨氮排放量为 0.1 万吨，占 0.1%。2021 年全国及分源氨氮排放情况见表 2-2。

表 2-2　2021 年全国及分源氨氮排放情况

项目	合计	工业源	农业源	生活源	集中式污染治理设施
排放量/万吨	86.8	1.7	26.9	58.0	0.1
占比/%	—	2.0	31.0	66.9	0.1

2.2.2 各地区及分源排放情况

2021 年，氨氮排放量排名前五的地区依次为广东、四川、湖南、湖北和广西，排放量合计为 30.8 万吨，占全国氨氮排放量的 35.5%。2021 年各地区氨氮排放情况见图 2-3。

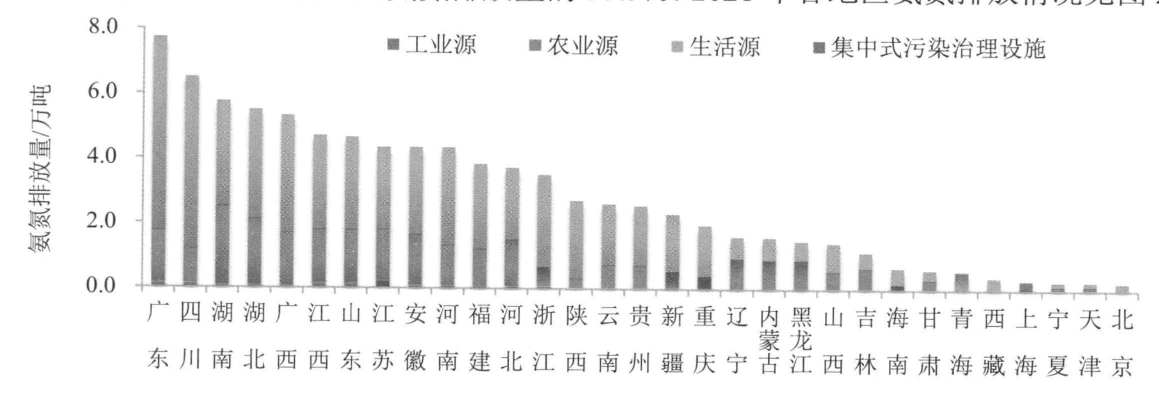

图 2-3　2021 年各地区氨氮排放情况

2.2.3 各工业行业排放情况

2021 年，在统计调查的 42 个工业行业中，氨氮排放量排名前三的行业依次为化学原料和化学制品制造业、农副食品加工业、造纸和纸制品业。3 个行业的排放量合计为 0.6 万吨，占全国工业源重点调查企业氨氮排放量的 40.4%。2021 年各工业行业氨氮排放情况见图 2-4。

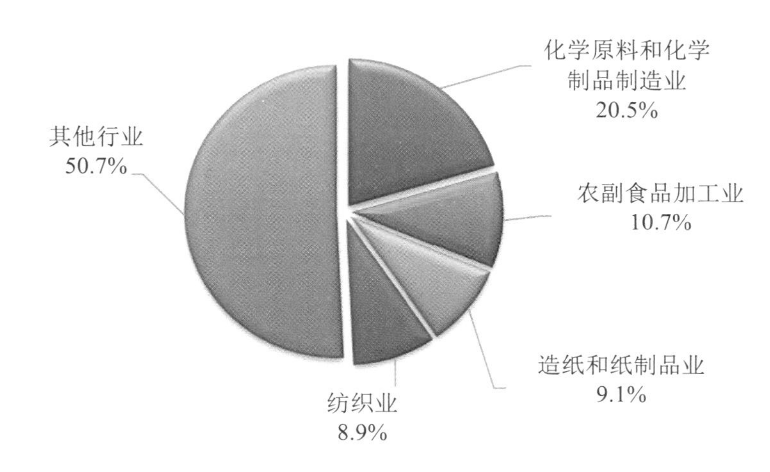

图 2-4　2021 年各工业行业氨氮排放情况

2.3 总氮排放情况

根据《排放源统计调查制度》（国统制〔2021〕18 号），总氮排放量统计调查范围包括工业源、农业源、生活源和集中式污染治理设施四类排放源。

工业源总氮统计调查范围包括《国民经济行业分类》（GB/T 4754—2017）中采矿业，制造业，电力、热力、燃气及水的生产和供应业 3 个门类的工业企业（不含军队企业），包括工业重点调查单位和非重点调查单位。

农业源总氮统计调查范围包括种植业、畜禽养殖业和水产养殖业，种植业统计范围包括农作物种植和园地种植，畜禽养殖业包括生猪、奶牛、肉牛、蛋鸡、肉鸡五类畜禽的规模化养殖场及规模以下养殖户，水产养殖业包括人工淡水养殖和人工海水养殖。

生活源总氮统计调查范围包括第三产业和居民生活（城镇和农村）污染排放。

集中式污染治理设施总氮统计调查范围包括生活垃圾处理场（厂）和危险废物（医疗废物）集中处理厂。

2.3.1　全国及分源排放情况

2021 年，在《排放源统计调查制度》确定的统计调查范围内，全国总氮排放量为 316.7 万吨。其中，工业源（含非重点）总氮排放量为 10.0 万吨，占 3.2%；农业源总氮排放量为 168.5 万吨，占 53.2%；生活源总氮排放量为 138.0 万吨，占 43.6%；集中式污染治理设施废水（含渗滤液）中总氮排放量为 0.2 万吨，占 0.1%。2021 年全国及分源总氮排放情况见表 2-3。

表 2-3　2021 年全国及分源总氮排放情况

项目	合计	工业源	农业源	生活源	集中式污染治理设施
排放量/万吨	316.7	10.0	168.5	138.0	0.2
占比/%	—	3.2	53.2	43.6	0.1

2.3.2　各地区及分源排放情况

2021 年，总氮排放量排名前五的地区依次为广东、湖北、湖南、广西和四川，排放量合计为 106.6 万吨，占全国总氮排放量的 33.7%。2021 年各地区总氮排放情况见图 2-5。

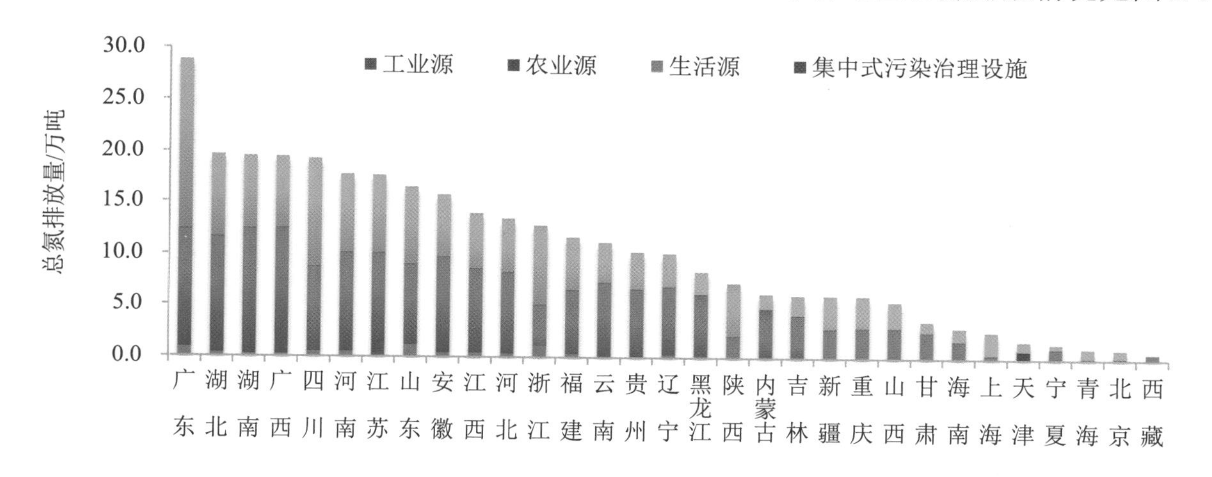

图 2-5　2021 年各地区总氮排放情况

2.3.3　各工业行业排放情况

2021 年，在统计调查的 42 个工业行业中，总氮排放量排名前三的行业依次为化学原料和化学制品制造业、纺织业、农副食品加工业。3 个行业的排放量合计为 3.4 万吨，占全国工业源重点调查企业总氮排放量的 42.3%。2021 年各工业行业总氮排放情况见图 2-6。

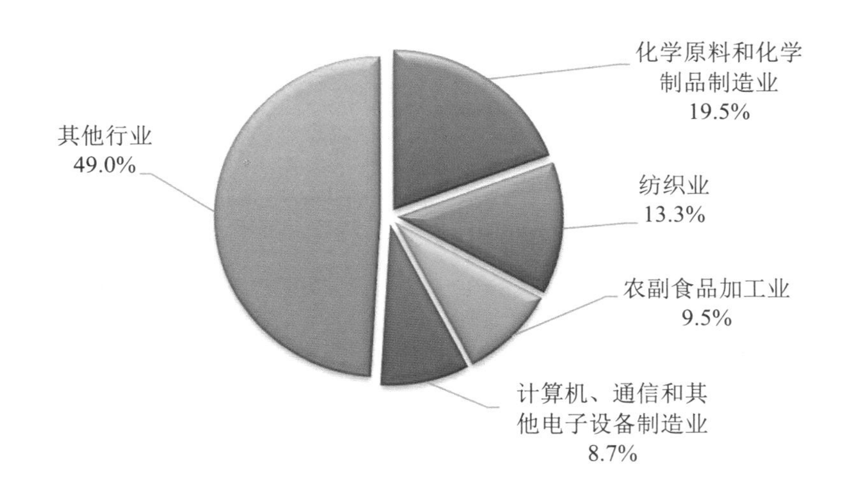

图 2-6　2021 年各工业行业总氮排放情况

2.4　总磷排放情况

根据《排放源统计调查制度》（国统制〔2021〕18 号），总磷排放量统计调查范围包括工业源、农业源、生活源和集中式污染治理设施四类排放源。

工业源总磷统计调查范围包括《国民经济行业分类》（GB/T 4754—2017）中采矿业，制造业，电力、热力、燃气及水的生产和供应业 3 个门类的工业企业（不含军队企业），包括工业重点调查单位和非重点调查单位。

农业源总磷统计调查范围包括种植业、畜禽养殖业和水产养殖业，种植业统计范围包括农作物种植和园地种植，畜禽养殖业包括生猪、奶牛、肉牛、蛋鸡、肉鸡五类畜禽的规模化养殖场及规模以下养殖户，水产养殖业包括人工淡水养殖和人工海水养殖。

生活源总磷统计调查范围包括第三产业和居民生活（城镇和农村）污染排放。

集中式污染治理设施总磷统计调查范围包括生活垃圾处理场（厂）和危险废物（医疗废物）集中处理厂。

2.4.1　全国及分源排放情况

2021 年，在《排放源统计调查制度》确定的统计调查范围内，全国总磷排放量为 33.8 万吨。其中，工业源（含非重点）总磷排放量为 0.3 万吨，占 0.9%；农业源总磷排放量为 26.5 万吨，占 78.5%；生活源总磷排放量为 7.0 万吨，占 20.6%；集中式污染治理设施废水（含渗滤液）中总磷排放量为 52.1 吨，占 0.02%。2021 年全国及分源总磷排放情况见表 2-4。

表 2-4　2021 年全国及分源总磷排放情况

项目	合计	工业源	农业源	生活源	集中式污染治理设施
排放量/万吨	33.8	0.3	26.5	7.0	0.01
占比/%	—	0.9	78.5	20.6	0.02

2.4.2　各地区及分源排放情况

2021 年，总磷排放量排名前五的地区依次为广东、湖南、湖北、广西和安徽，排放量合计为 12.1 万吨，占全国总磷排放量的 35.8%。2021 年各地区总磷排放情况见图 2-7。

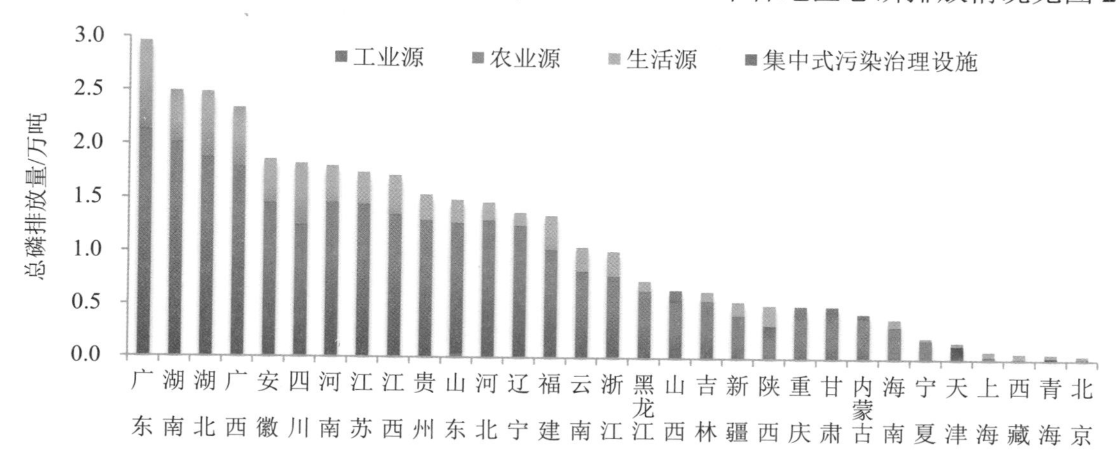

图 2-7　2021 年各地区总磷排放情况

2.4.3　各工业行业排放情况

2021 年，在统计调查的 42 个工业行业中，总磷排放量排名前三的行业依次为农副食品加工业、化学原料和化学制品制造业、纺织业。3 个行业的排放量合计为 0.1 万吨，占全国工业源重点调查企业总磷排放量的 49.0%。2021 年各工业行业总磷排放情况见图 2-8。

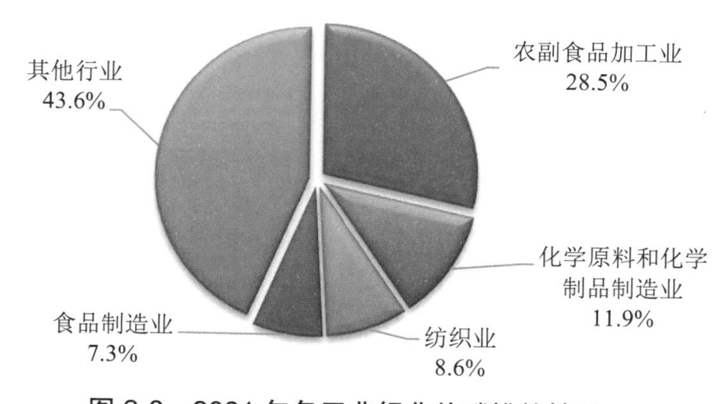

图 2-8　2021 年各工业行业总磷排放情况

2.5 其他污染物排放情况

根据《排放源统计调查制度》（国统制〔2021〕18 号），废水其他污染物排放量统计调查范围包括工业源和集中式污染治理设施两类排放源。

工业源废水其他污染物指标涉及石油类、挥发酚、氰化物和废水重金属[①]，统计调查范围包括《国民经济行业分类》（GB/T 4754—2017）中采矿业，制造业，电力、热力、燃气及水的生产和供应业 3 个门类的工业重点调查单位（不含军队企业）。

集中式污染治理设施废水其他污染物统计调查范围包括生活垃圾处理场（厂）和危险废物（医疗废物）集中处理厂，其中，生活垃圾处理场（厂）不调查挥发酚和氰化物。

2021 年，在《排放源统计调查制度》确定的统计调查范围内，全国废水中石油类排放量为 2 217.5 吨，挥发酚排放量为 51.8 吨，氰化物排放量为 28.1 吨，重金属排放量为 50.5 吨。2021 年全国废水中其他污染物排放情况见表 2-5。

表 2-5　2021 年全国废水中其他污染物排放情况　　单位：吨

排放源	石油类	挥发酚	氰化物	重金属
工业源	2 217.5	51.7	28.0	45.0
集中式污染治理设施	—	0.1	0.02	5.5
合计	2 217.5	51.8	28.1	50.5

① 废水重金属排放量指废水中总砷、总铅、总镉、总汞、总铬排放量合计值，下同。

3

废气污染物

3.1 二氧化硫排放情况

根据《排放源统计调查制度》（国统制〔2021〕18 号），二氧化硫排放量统计调查范围包括工业源、生活源和集中式污染治理设施三类排放源。

工业源二氧化硫统计调查范围包括《国民经济行业分类》（GB/T 4754—2017）中采矿业，制造业，电力、热力、燃气及水的生产和供应业 3 个门类的工业重点调查单位（不含军队企业）。

生活源二氧化硫统计调查范围为除工业重点调查单位以外的能源（煤炭和天然气）消费过程排放。

集中式污染治理设施二氧化硫统计调查范围包括生活垃圾处理场（厂）和危险废物（医疗废物）集中处理厂。

3.1.1 全国及分源排放情况

2021 年，在《排放源统计调查制度》确定的统计调查范围内，全国二氧化硫排放量为 274.8 万吨。其中，工业源二氧化硫排放量为 209.7 万吨，占 76.3%；生活源二氧化硫排放量为 64.9 万吨，占 23.6%；集中式污染治理设施二氧化硫排放量为 0.3 万吨，占 0.1%。2021 年全国及分源二氧化硫排放情况见表 3-1。

表 3-1　2021 年全国及分源二氧化硫排放情况

项目	合计	工业源	生活源	集中式污染治理设施
排放量/万吨	274.8	209.7	64.9	0.3
占比/%	—	76.3	23.6	0.1

注：集中式污染治理设施废气污染物包括生活垃圾处理场（厂）和危险废物（医疗废物）集中处理厂焚烧废气中排放的污染物，下同。

3.1.2 各地区及分源排放情况

2021 年，二氧化硫排放量排名前五的地区依次为内蒙古、云南、河北、山东和辽宁，排放量合计为 89.7 万吨，占全国二氧化硫排放量的 32.7%。2021 年各地区二氧化硫排放情况见图 3-1。

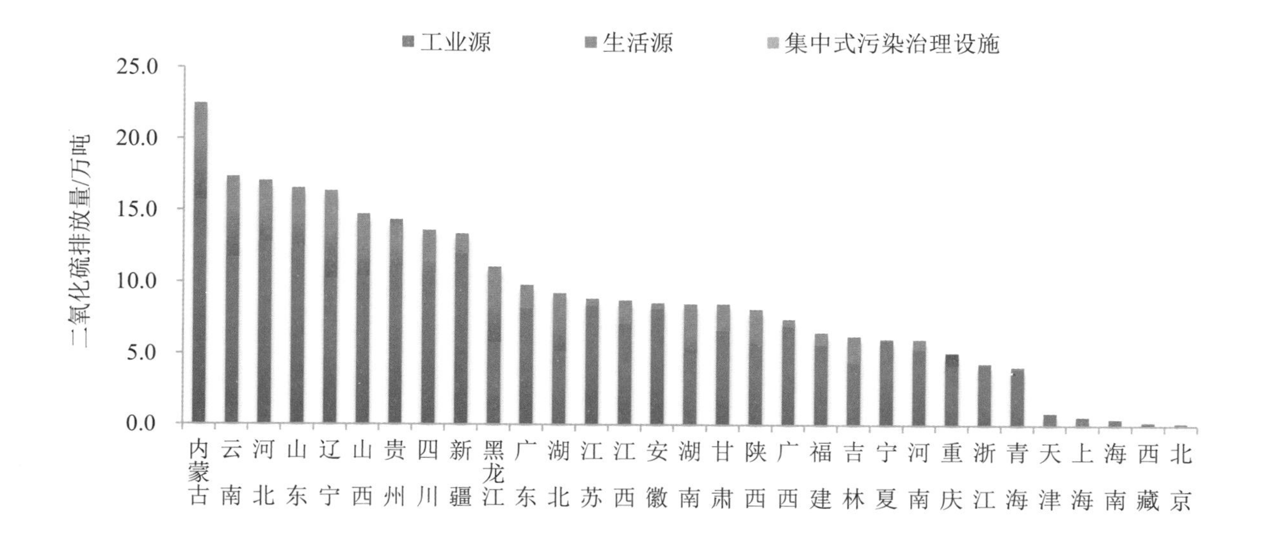

图 3-1 2021 年各地区二氧化硫排放情况

3.1.3 各工业行业排放情况

2021 年，在统计调查的 42 个工业行业中，二氧化硫排放量排名前三的行业依次为电力、热力生产和供应业，黑色金属冶炼和压延加工业，非金属矿物制品业。3 个行业的二氧化硫排放量合计为 149.5 万吨，占全国工业源二氧化硫排放量的 71.3%。2021 年各工业行业二氧化硫排放情况见图 3-2。

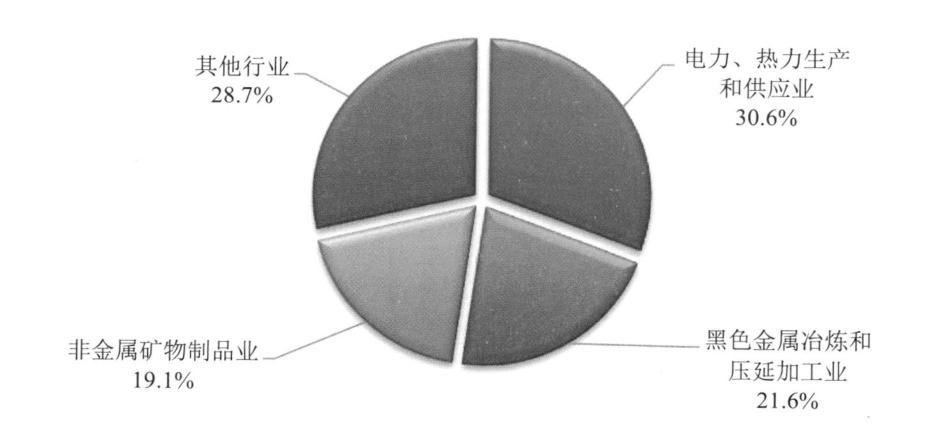

图 3-2 2021 年各工业行业二氧化硫排放情况

3.2 氮氧化物排放情况

根据《排放源统计调查制度》（国统制〔2021〕18 号），氮氧化物排放量统计调查范围包括工业源、生活源、移动源和集中式污染治理设施四类排放源。

工业源氮氧化物统计调查范围包括《国民经济行业分类》（GB/T 4754—2017）中采矿业，制造业，电力、热力、燃气及水的生产和供应业 3 个门类的工业重点调查单位（不含军队企业）。

生活源氮氧化物统计调查范围为除工业重点调查单位以外的能源（煤炭和天然气）消费过程排放。

移动源氮氧化物统计调查范围为机动车污染排放，不包含非道路移动机械。机动车类型包括汽车、低速汽车和摩托车，不包含厂内自用和未在交管部门登记注册的机动车。

集中式污染治理设施氮氧化物统计调查范围包括生活垃圾处理场（厂）和危险废物（医疗废物）集中处理厂。

3.2.1 全国及分源排放情况

2021 年，在《排放源统计调查制度》确定的统计调查范围内，全国废气中氮氧化物排放量为 988.4 万吨。其中，工业源氮氧化物排放量为 368.9 万吨，占 37.3%；生活源氮氧化物排放量为 35.9 万吨，占 3.6%；移动源氮氧化物排放量为 582.1 万吨，占 58.9%；集中式污染治理设施氮氧化物排放量为 1.5 万吨，占 0.2%。2021 年全国及分源氮氧化物排放情况见表 3-2。

表 3-2　2021 年全国及分源氮氧化物排放情况

项目	合计	工业源	生活源	移动源	集中式污染治理设施
排放量/万吨	988.4	368.9	35.9	582.1	1.5
占比/%	—	37.3	3.6	58.9	0.2

3.2.2 各地区及分源排放情况

2021 年，氮氧化物排放量排名前五的地区依次为河北、山东、广东、辽宁和江苏，排放量合计为 334.3 万吨，占全国氮氧化物排放量的 33.8%。2021 年各地区氮氧化物排放情况见图 3-3。

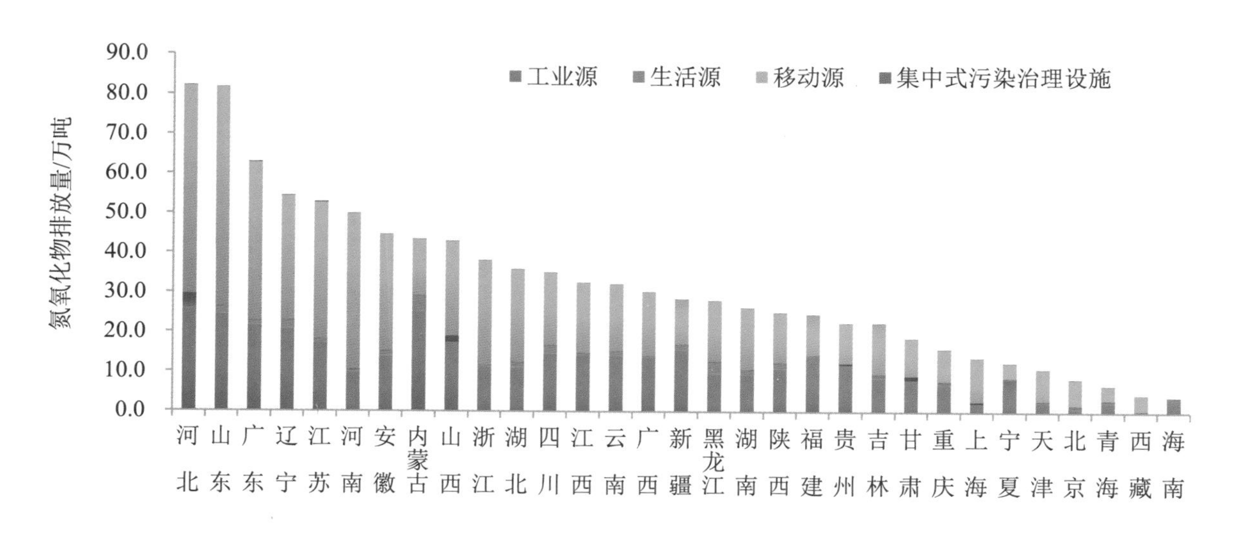

图 3-3　2021 年各地区氮氧化物排放情况

3.2.3　各工业行业排放情况

2021 年，在统计调查的 42 个工业行业中，氮氧化物排放量排名前三的行业依次为电力、热力生产和供应业，非金属矿物制品业，黑色金属冶炼和压延加工业。3 个行业的氮氧化物排放量合计为 303.0 万吨，占全国工业源氮氧化物排放量的 82.1%。2021 年各工业行业氮氧化物排放情况见图 3-4。

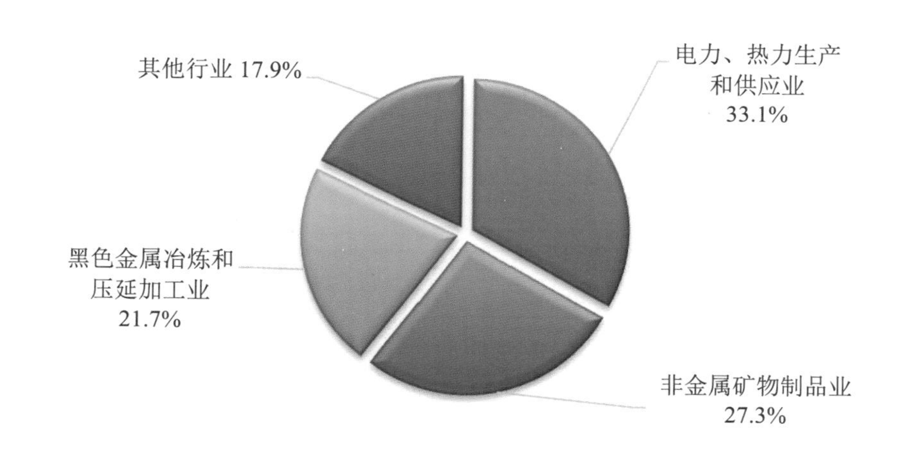

图 3-4　2021 年各工业行业氮氧化物排放情况

3.3 颗粒物排放情况

根据《排放源统计调查制度》（国统制〔2021〕18 号），颗粒物排放量统计调查范围包括工业源、生活源、移动源和集中式污染治理设施四类排放源。

工业源颗粒物统计调查范围包括《国民经济行业分类》（GB/T 4754—2017）中采矿业，制造业，电力、热力、燃气及水的生产和供应业 3 个门类的工业重点调查单位（不含军队企业）有组织排放量和部分行业企业无组织排放量，其中部分行业包括黑色金属冶炼和压延加工业（大类行业代码 31）、水泥制造（小类行业代码 3011）以及《排放源统计调查产排污核算方法和系数手册》（生态环境部公告 2021 年 第 24 号）中发布无组织颗粒物系数的行业。

生活源颗粒物统计调查范围为除工业重点调查单位以外的能源（煤炭和天然气）消费过程排放。

移动源颗粒物统计调查范围为机动车污染排放，不包含非道路移动机械。机动车类型包括汽车、低速汽车和摩托车，不包含厂内自用和未在交管部门登记注册的机动车。

集中式污染治理设施颗粒物统计调查范围包括生活垃圾处理场（厂）和危险废物（医疗废物）集中处理厂。

3.3.1 全国及分源排放情况

2021 年，在《排放源统计调查制度》确定的统计调查范围内，全国废气中颗粒物排放量为 537.4 万吨。其中，工业源颗粒物排放量为 325.3 万吨，占 60.5%；生活源颗粒物排放量为 205.2 万吨，占 38.2%；移动源颗粒物排放量为 6.8 万吨，占 1.3%；集中式污染治理设施颗粒物排放量为 0.1 万吨，占 0.02%。2021 年全国及分源颗粒物排放情况见表 3-3。

表 3-3 2021 年全国及分源颗粒物排放情况

项目	合计	工业源	生活源	移动源	集中式污染治理设施
排放量/万吨	537.4	325.3	205.2	6.8	0.1
占比/%	—	60.5	38.2	1.3	0.02

3.3.2 各地区及分源排放情况

2021 年，颗粒物排放量排名前五的地区依次为内蒙古、新疆、黑龙江、河北和山西，排放量合计为 247.1 万吨，占全国颗粒物排放量的 46.0%。2021 年各地区颗粒物排放情况见图 3-5。

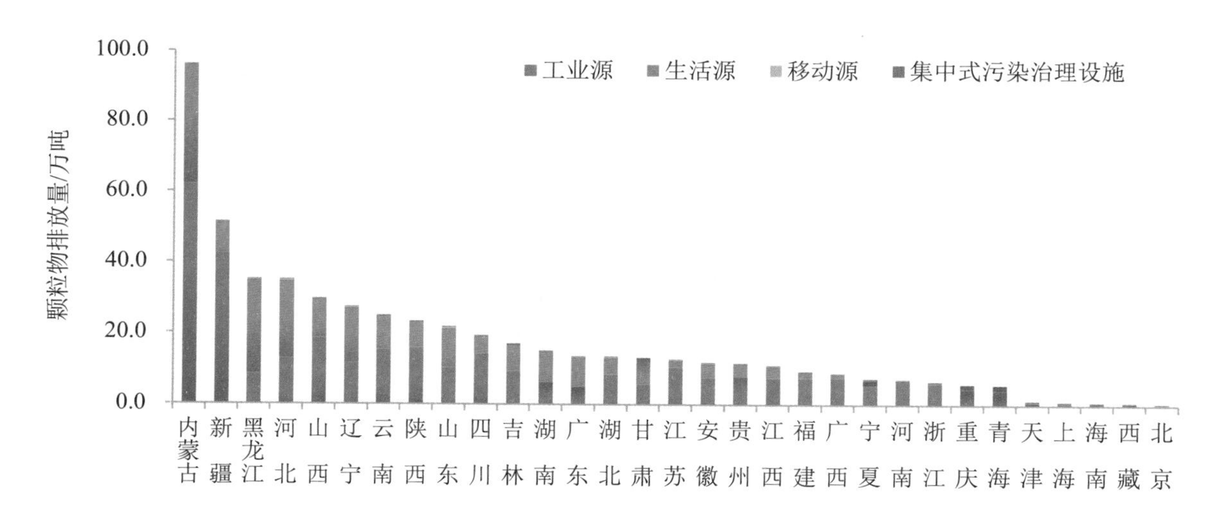

图 3-5 2021 年各地区颗粒物排放情况

3.3.3 各工业行业排放情况

2021 年，在统计调查的 42 个工业行业中，颗粒物排放量排名前三的行业依次为煤炭开采和洗选业，非金属矿物制品业，黑色金属冶炼和压延加工业。3 个行业的颗粒物排放量合计为 211.9 万吨，占全国工业源颗粒物排放量的 65.2%。2021 年各工业行业颗粒物排放情况见图 3-6。

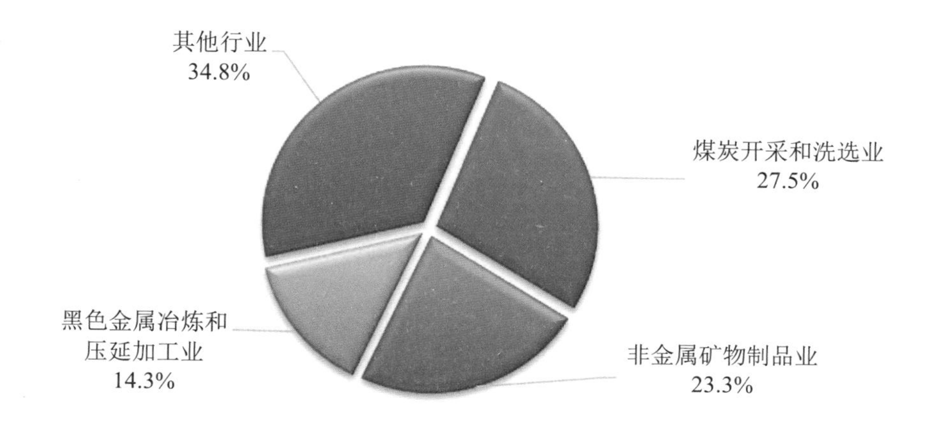

图 3-6 2021 年各工业行业颗粒物排放情况

3.4 挥发性有机物排放情况

根据《排放源统计调查制度》（国统制〔2021〕18号），挥发性有机物排放量统计调查范围包括工业源、生活源和移动源三类排放源。

工业源挥发性有机物统计调查范围包括《国民经济行业分类》（GB/T 4754—2017）中采矿业，制造业，电力、热力、燃气及水的生产和供应业3个门类的工业重点调查单位（不含军队企业），包含工业防腐涂料使用过程排放。

生活源挥发性有机物统计调查范围包括除工业重点调查单位以外的能源（煤炭和天然气）消费过程排放以及部分生活活动（建筑装饰、餐饮油烟、家庭日化用品、干洗和汽车修补）排放量，不包含液化石油气燃烧、沥青道路铺路、油品储运销、农村居民生物质燃烧等过程排放。

移动源挥发性有机物统计调查范围为机动车污染排放，不包含非道路移动机械。机动车类型包括汽车、低速汽车和摩托车，不包含厂内自用和未在交管部门登记注册的机动车。

3.4.1 全国及分源排放情况

2021年，在《排放源统计调查制度》确定的统计调查范围内，全国废气中挥发性有机物排放量为590.2万吨。其中，工业源挥发性有机物排放量为207.9万吨，占35.2%；生活源挥发性有机物排放量为182.0万吨，占30.8%；移动源挥发性有机物排放量为200.4万吨，占33.9%。2021年全国及分源挥发性有机物排放情况见表3-4。

表3-4 2021年全国及分源挥发性有机物排放情况

项目	合计	工业源	生活源	移动源
排放量/万吨	590.2	207.9	182.0	200.4
占比/%	—	35.2	30.8	33.9

3.4.2 各地区及分源排放情况

2021年，挥发性有机物排放量排名前五的地区依次为广东、山东、江苏、浙江和河北，排放量合计为214.4万吨，占全国挥发性有机物排放量的36.3%。2021年各地区挥发性有机物排放情况见图3-7。

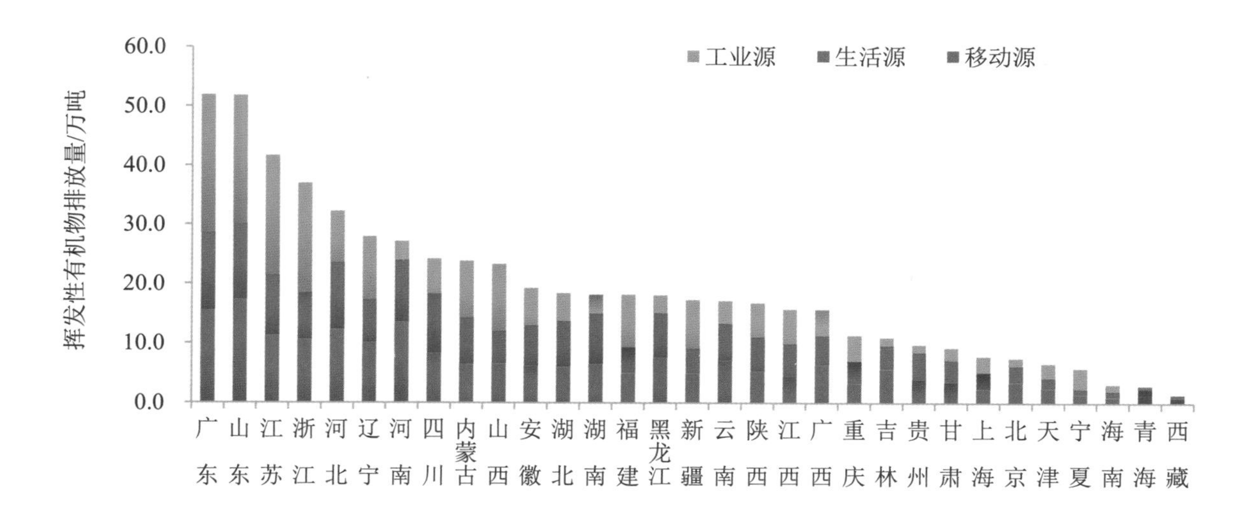

图 3-7　2021 年各地区挥发性有机物排放情况

3.4.3　各工业行业排放情况

2021 年，在统计调查的 42 个工业行业中，挥发性有机物排放量排名前三的行业依次为石油、煤炭及其他燃料加工业，化学原料和化学制品制造业，橡胶和塑料制品业。3 个行业的挥发性有机物排放量合计为 112.8 万吨，占全国工业源挥发性有机物排放量的 54.3%。2021 年各工业行业挥发性有机物排放情况见图 3-8。

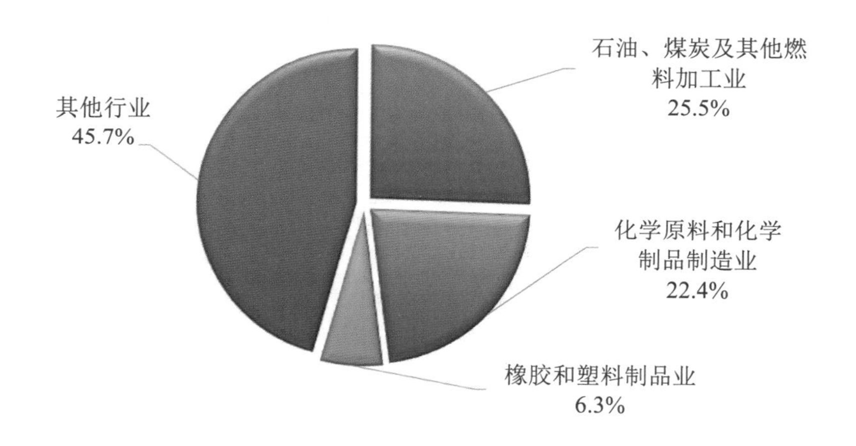

图 3-8　2021 年各工业行业挥发性有机物排放情况

4

工业固体废物、危险废物和化学品环境国际公约管控物质生产或库存总体情况

4.1 一般工业固体废物产生、综合利用和处置情况

根据《排放源统计调查制度》（国统制〔2021〕18 号），一般工业固体废物统计调查范围为工业源，包括《国民经济行业分类》（GB/T 4754—2017）中采矿业，制造业，电力、热力、燃气及水的生产和供应业 3 个门类的工业重点调查单位（不含军队企业）。

4.1.1 全国及各地区产生、综合利用和处置情况

2021 年，在《排放源统计调查制度》确定的统计调查范围内，全国一般工业固体废物产生量为 39.7 亿吨，综合利用量为 22.7 亿吨，处置量为 8.9 亿吨。

一般工业固体废物产生量排名前五的地区依次为山西、内蒙古、河北、山东和辽宁，产生量合计为 17.8 亿吨，占全国一般工业固体废物产生量的 44.8%。2021 年各地区一般工业固体废物产生情况见图 4-1。

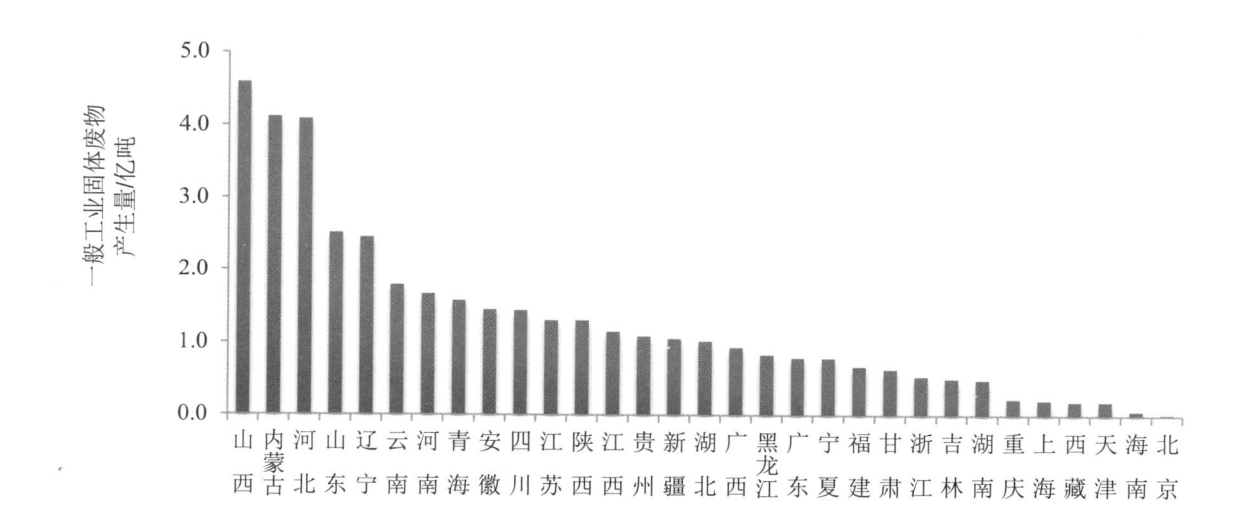

图 4-1　2021 年各地区一般工业固体废物产生情况

一般工业固体废物综合利用量排名前五的地区依次为河北、山东、山西、内蒙古和安徽，综合利用量合计为 8.8 亿吨，占全国一般工业固体废物综合利用量的 39.0%。2021 年各地区一般工业固体废物综合利用情况见图 4-2。

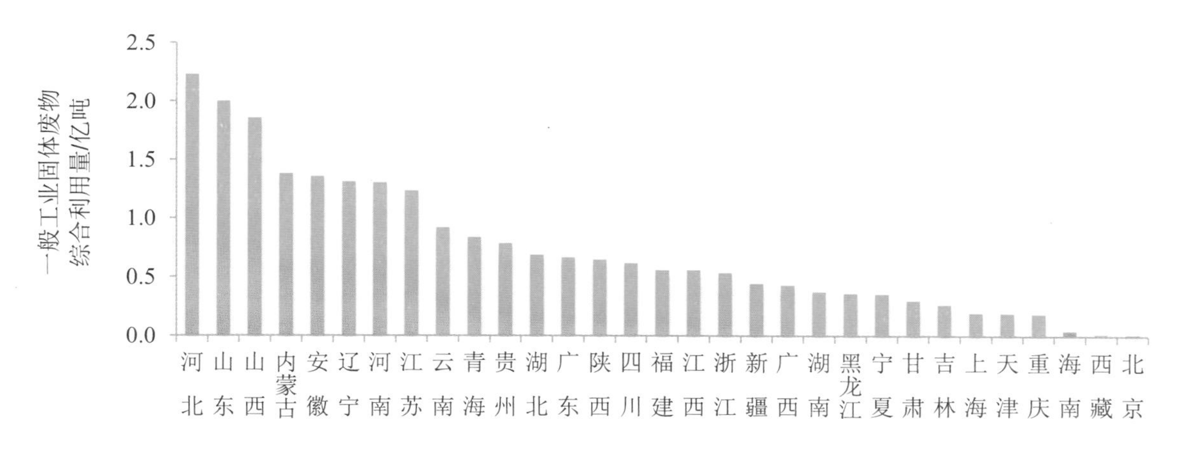

图 4-2　2021 年各地区一般工业固体废物综合利用情况

一般工业固体废物处置量排名前五的地区依次为山西、内蒙古、辽宁、河北和陕西，处置量合计为 5.7 亿吨，占全国一般工业固体废物处置量的 63.8%。2021 年各地区一般工业固体废物处置情况见图 4-3。

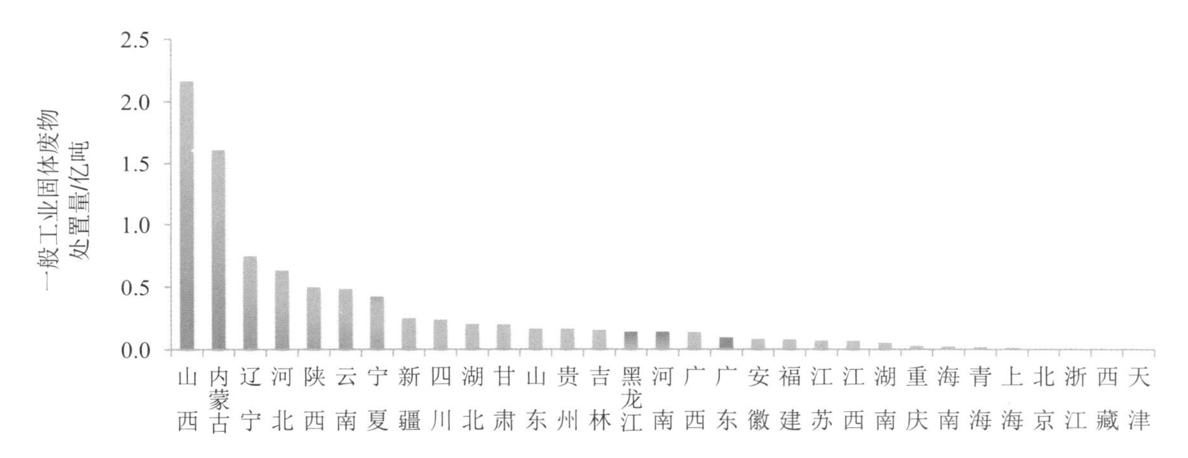

图 4-3　2021 年各地区一般工业固体废物处置情况

4.1.2　各工业行业产生、综合利用和处置情况

2021 年，在统计调查的 42 个工业行业中，一般工业固体废物产生量排名前五的行业依次为电力、热力生产和供应业，黑色金属矿采选业，黑色金属冶炼和压延加工业，有色金属矿采选业，煤炭开采和洗选业。5 个行业的一般工业固体废物产生量合计为 30.5 亿吨，占全国一般工业固体废物产生量的 76.9%。2021 年各工业行业一般工业固体废物产生情况见图 4-4。

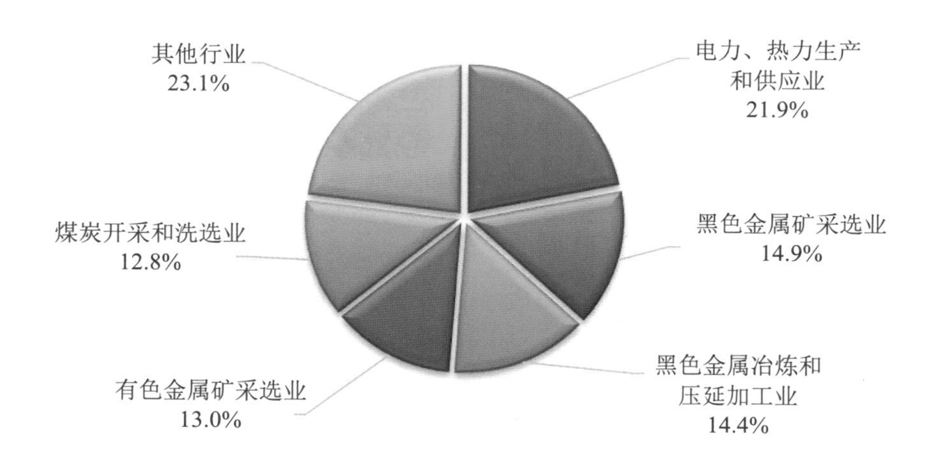

图 4-4　2021 年各工业行业一般工业固体废物产生情况

一般工业固体废物综合利用量排名前五的行业依次为电力、热力生产和供应业，黑色金属冶炼和压延加工业，煤炭开采和洗选业，化学原料和化学制品制造业，黑色金属矿采选业。5 个行业的一般工业固体废物综合利用量合计为 18.6 亿吨，占全国一般工业固体废物综合利用量的 82.0%。

一般工业固体废物处置量排名前五的行业依次为煤炭开采和洗选业，电力、热力生产和供应业，黑色金属矿采选业，有色金属矿采选业，化学原料和化学制品制造业。5 个行业的一般工业固体废物处置量合计为 6.9 亿吨，占全国一般工业固体废物处置量的 77.7%。

2021 年主要行业一般工业固体废物综合利用和处置情况见图 4-5。

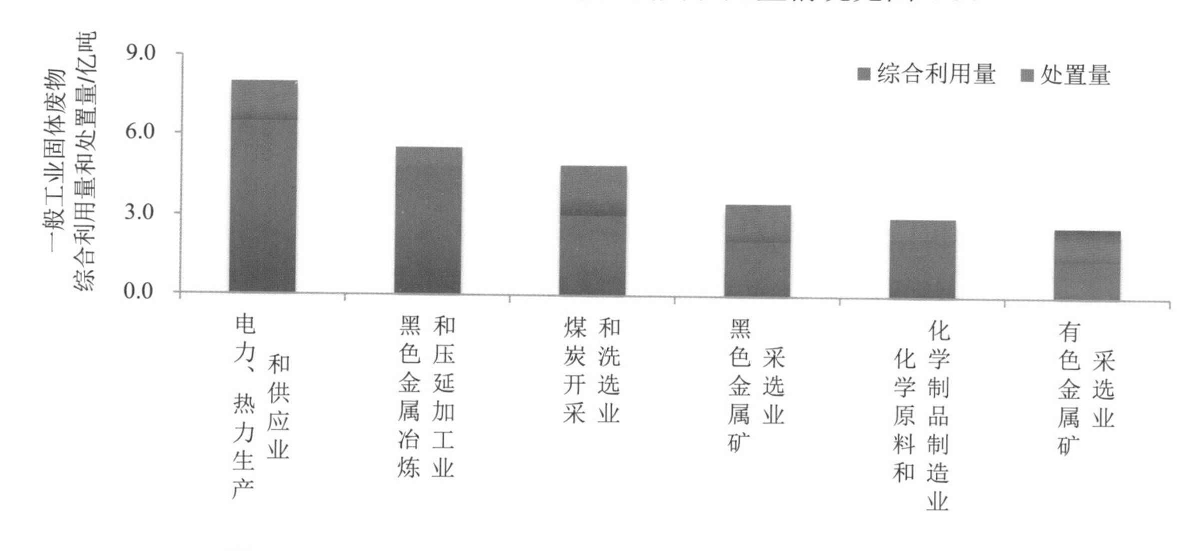

图 4-5　2021 年主要行业一般工业固体废物综合利用和处置情况

4.2　工业危险废物产生和利用处置情况

根据《排放源统计调查制度》（国统制〔2021〕18 号），工业危险废物统计调查范围为工业源，包括《国民经济行业分类》（GB/T 4754—2017）中采矿业，制造业，电力、热力、燃气及水的生产和供应业 3 个门类的工业重点调查单位（不含军队企业）。

4.2.1　全国及各地区产生和利用处置情况

2021 年，在《排放源统计调查制度》确定的统计调查范围内，全国工业危险废物产生量为 8 653.6 万吨，利用处置量为 8 461.2 万吨。

工业危险废物产生量排名前五的地区依次为山东、内蒙古、江苏、浙江和广东，产生量合计为 3 159.8 万吨，占全国工业危险废物产生量的 36.5%。2021 年各地区工业危险废物产生情况见图 4-6。

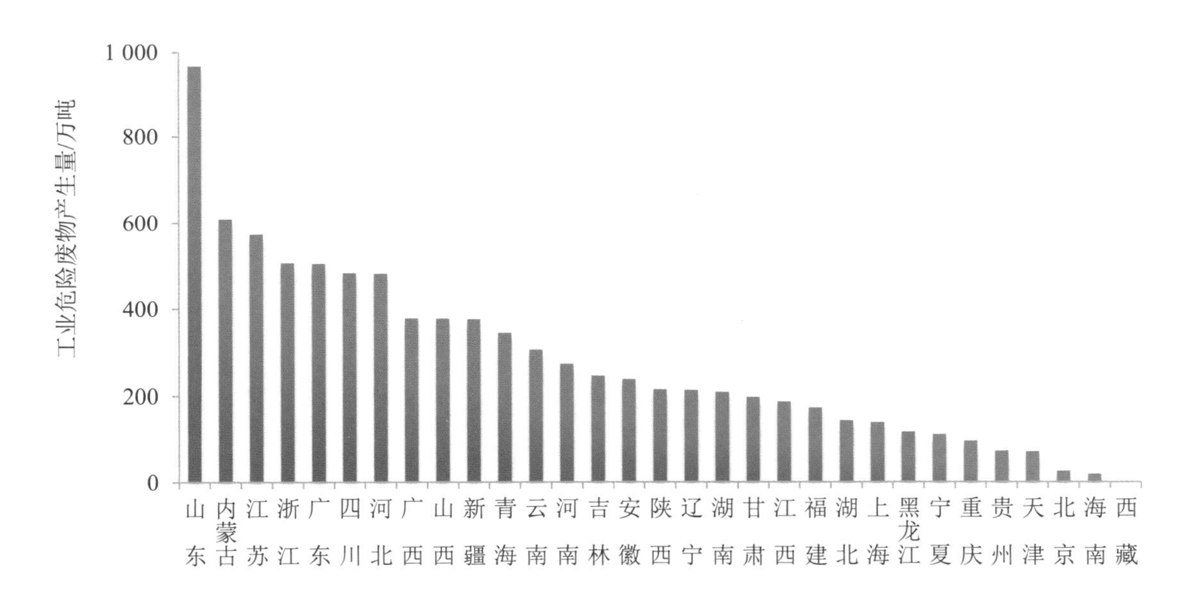

图 4-6　2021 年各地区工业危险废物产生情况

工业危险废物利用处置量排名前五的地区依次为山东、内蒙古、江苏、浙江和广东，利用处置量合计为 3 202.0 万吨，占全国工业危险废物利用处置量的 37.8%。2021 年各地区工业危险废物利用处置情况见图 4-7。

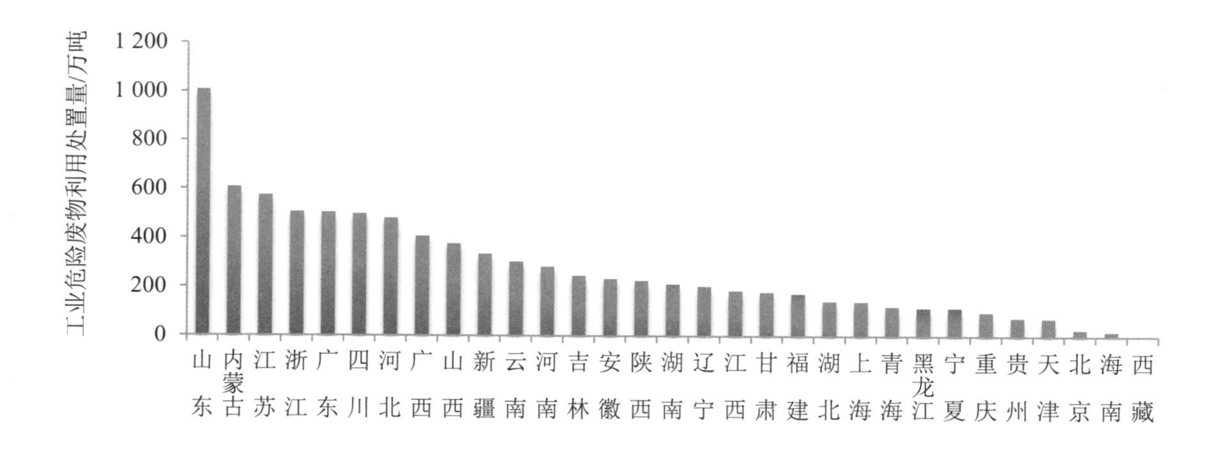

图 4-7　2021 年各地区工业危险废物利用处置情况

4.2.2　各工业行业产生和利用处置情况

工业危险废物产生量排名前五的行业依次为化学原料和化学制品制造业，有色金属冶炼和压延加工业，石油、煤炭及其他燃料加工业，黑色金属冶炼和压延加工业，电力、热力生产和供应业。5 个行业的工业危险废物产生量合计为 5 997.7 万吨，占全国工业危险废物产生量的 69.3%。2021 年各工业行业危险废物产生情况见图 4-8。

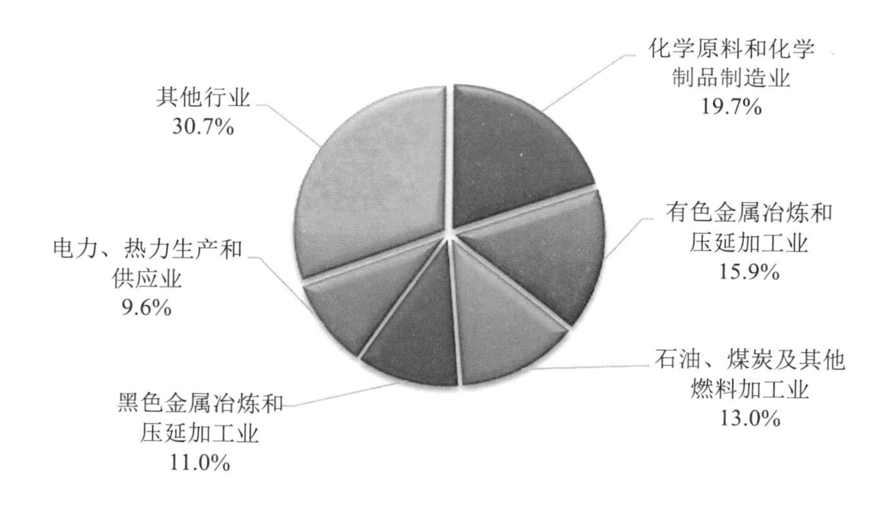

图 4-8　2021 年各工业行业危险废物产生情况

工业危险废物利用处置量排名前五的行业依次为化学原料和化学制品制造业，有色金属冶炼和压延加工业，石油、煤炭及其他燃料加工业，黑色金属冶炼和压延加工业，电力、热力生产和供应业。5 个行业的工业危险废物利用处置量合计为 6 040.9 万吨，占全国工业危险废物利用处置量的 71.4%。2021 年各工业行业危险废物利用处置情况见图 4-9。

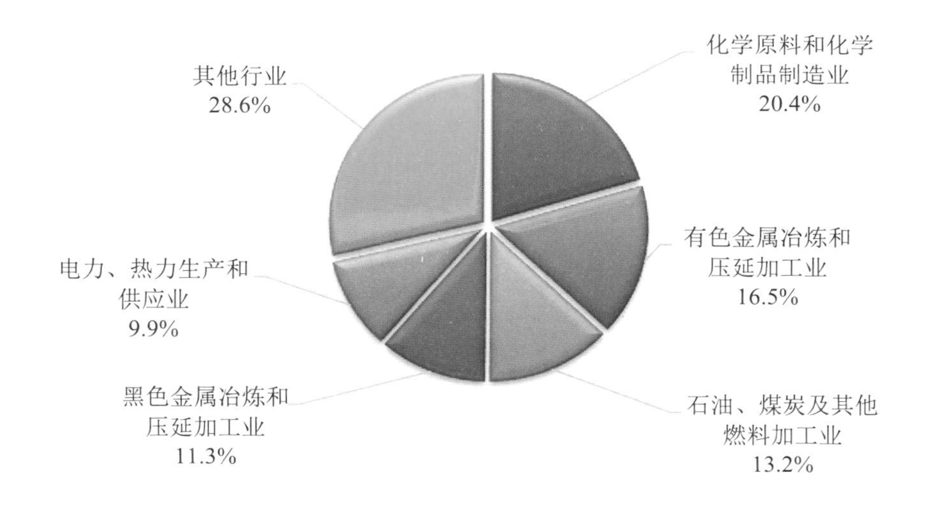

图 4-9　2021 年各工业行业危险废物利用处置情况

4.3　化学品环境国际公约管控物质生产或库存总体情况

按照《化学品环境国际公约管控物质统计调查制度》（国统制〔2021〕60 号），对全氟辛基磺酸及其盐类和全氟辛基磺酰氟、六溴环十二烷、十溴二苯醚、短链氯化石蜡、全氟辛酸及其相关化合物、汞等进行统计调查。

2021 年，国内全氟辛基磺酸及其盐类和全氟辛基磺酰氟年产量约 12 吨，年末库存量约 0.6 吨；六溴环十二烷年产量约 14 614 吨，年末库存量 0 吨；十溴二苯醚年产量约 6 040 吨，年末库存量约 864 吨；根据氯化石蜡的生产情况，估算其产品中短链氯化石蜡产量约 88 096 吨，估算短链氯化石蜡年末库存量约 1 468 吨；全氟辛酸及其相关化合物年产量约 2 204 吨，年末库存量约 86 吨；汞的年产量约 961 吨，其中再生汞年产量约 768 吨。

5

污染治理设施

5.1 工业企业污染治理情况

5.1.1 工业废水治理情况

2021 年，全国纳入排放源统计调查的涉水工业企业①共有 75 276 家，废水治理设施共有 70 212 套，设计处理能力为 1.8 亿吨/日，治理设施运行费用为 713.8 亿元，全年共处理工业废水 301.4 亿吨。工业废水治理设施数量排名前三的地区依次为浙江、广东和江苏，工业废水处理量排名前三的地区依次为河北、福建和江苏。2021 年各地区工业废水治理设施数量见图 5-1。2021 年各地区工业废水处理量见图 5-2。

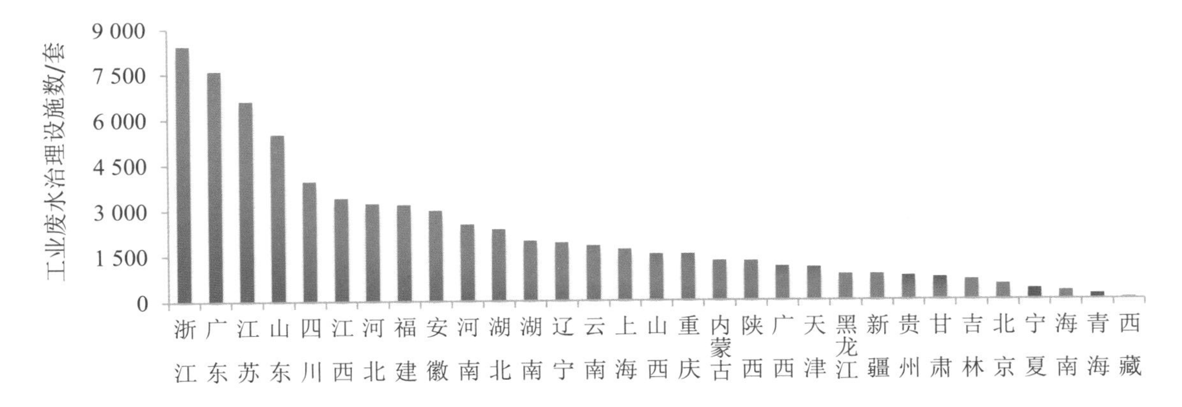

图 5-1　2021 年各地区工业废水治理设施数量

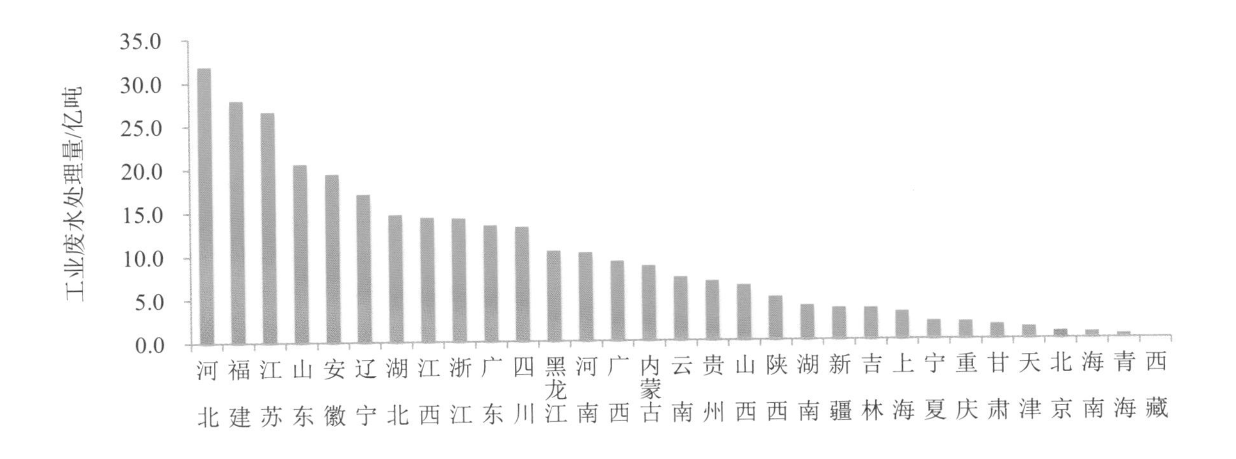

图 5-2　2021 年各地区工业废水处理量

① 涉水工业企业指有任意一项废水污染物产生或者排放的工业企业，下同。

在统计调查的 42 个工业行业中，废水治理设施数量排名前三的行业依次为农副食品加工业、化学原料和化学制品制造业，金属制品业。工业废水处理量排名前三的行业依次为黑色金属冶炼和压延加工业，电力、热力生产和供应业，化学原料和化学制品制造业。2021 年工业行业废水治理设施数量占比见图 5-3。2021 年工业行业废水处理量占比见图 5-4。

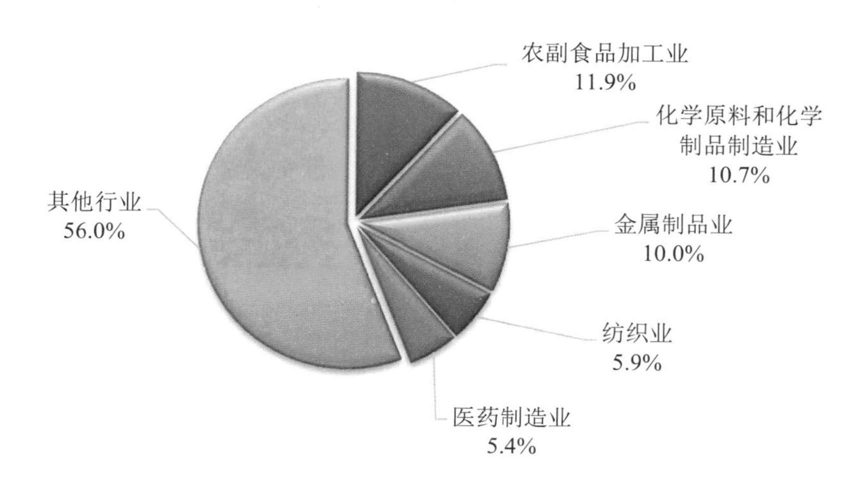

图 5-3　2021 年工业行业废水治理设施数量占比

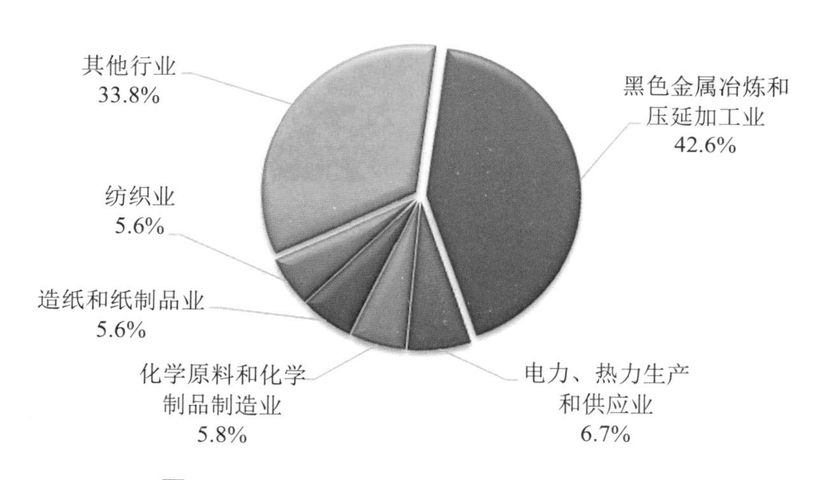

图 5-4　2021 年工业行业废水处理量占比

5.1.2　工业废气治理情况

2021 年，全国纳入排放源统计调查的涉气工业企业[①]共有 146 771 家，废气治理设施共有 369 326 套，其中，脱硫设施 33 813 套，脱硝设施 23 294 套，除尘设施 173 608 套，

① 涉气工业企业指有任意一项废气污染物产生或者排放的工业企业，下同。

VOCs 治理设施 98 603 套，治理设施运行费用为 2 222.0 亿元。工业废气治理设施数量排名前三的地区依次为山东、广东和河北。2021 年各地区工业废气治理设施数量见图 5-5。

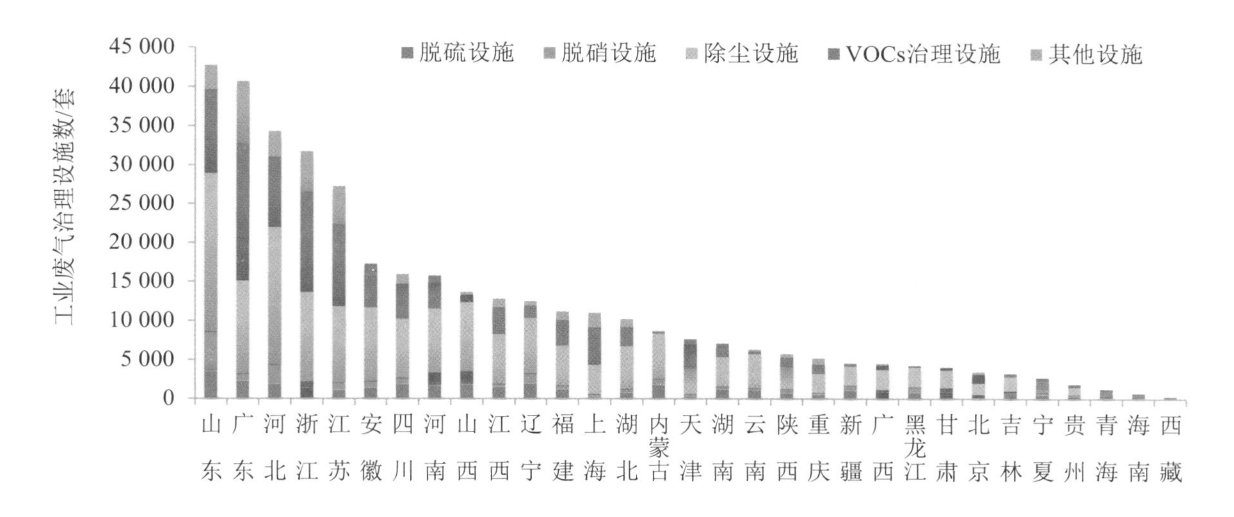

图 5-5 2021 年各地区工业废气治理设施数量

在统计调查的 42 个工业行业中，废气治理设施数量排名前三的行业依次为非金属矿物制品业，金属制品业，化学原料和化学制品制造业。2021 年工业行业废气治理设施数量占比见图 5-6。

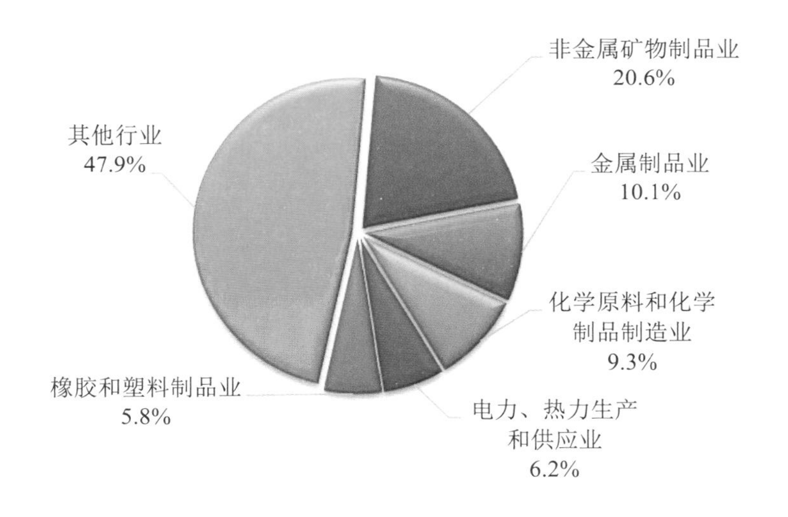

图 5-6 2021 年工业行业废气治理设施数量占比

5.2 集中式污染治理设施污染治理情况

5.2.1 污水处理厂情况

2021 年，全国纳入排放源统计调查的污水处理厂共有 12 586 家，污水处理厂设计处理能力为 29 729.7 万吨/日，年运行费用为 1 124.2 亿元。污水处理厂数量排名前五的地区依次为四川、广东、江苏、重庆和湖北。5 个地区的污水处理厂共有 5 276 家，占全国污水处理厂数量的 41.9%。2021 年各地区污水处理厂数量见图 5-7。

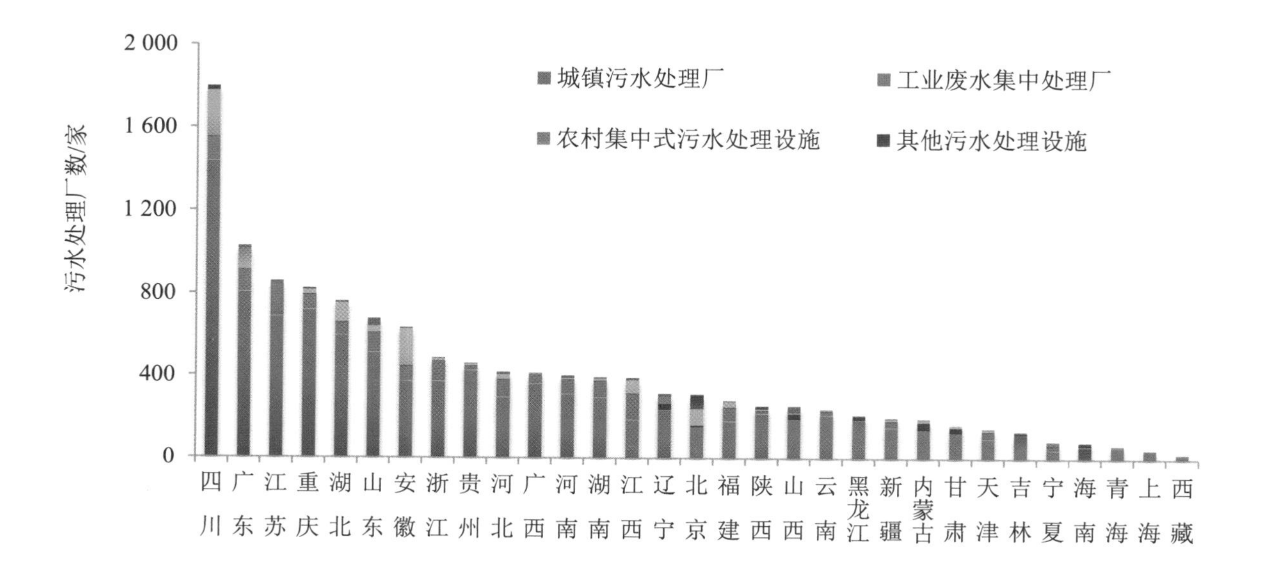

图 5-7　2021 年各地区污水处理厂数量

2021 年，全国污水处理厂共处理污水 862.1 亿吨，其中，处理生活污水 762.5 亿吨，占污水总处理量的 88.5%。污水处理量排名前五的地区依次为广东、山东、江苏、浙江和河南。5 个地区的污水处理量合计为 354.0 亿吨，占全国污水处理量的 41.1%。全国污水处理厂共去除化学需氧量 1 955.2 万吨、氨氮 201.2 万吨、总氮 225.5 万吨、总磷 30.4 万吨。污水处理厂的污泥产生量为 4 592.1 万吨，污泥处置量为 4 592.1 万吨。2021 年各地区污水处理厂污水处理量见图 5-8。

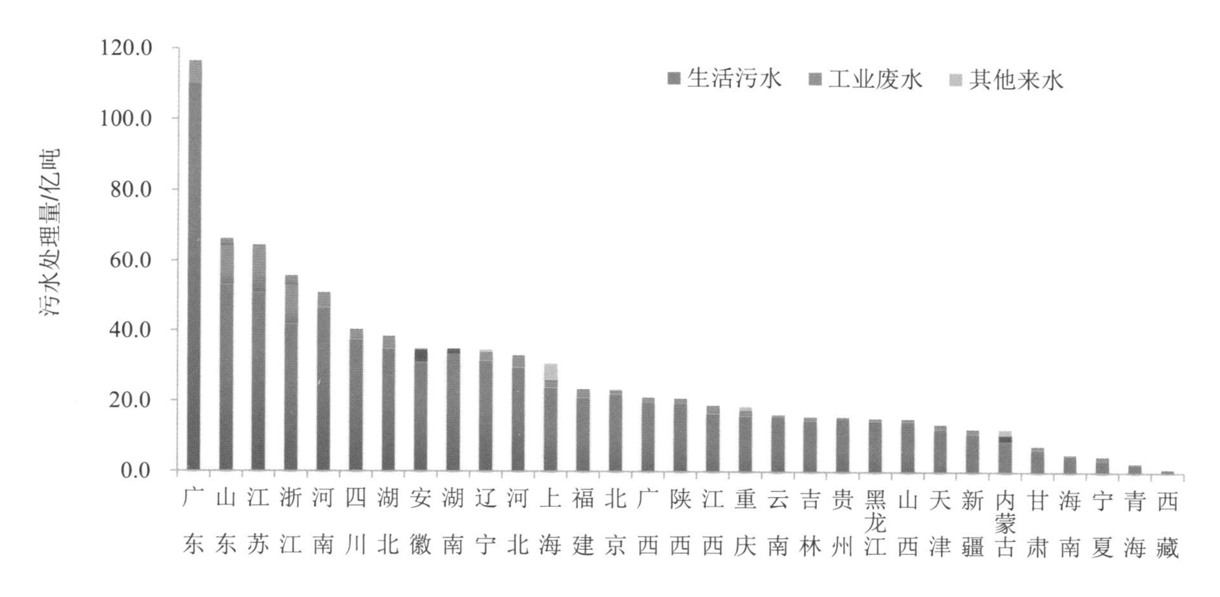

图 5-8　2021 年各地区污水处理厂污水处理量

5.2.2　生活垃圾处理场（厂）情况

2021 年，全国纳入排放源统计调查的生活垃圾处理场（厂）共有 2 318 家（含餐厨垃圾集中处理厂 72 家），年运行费用为 183.1 亿元。

生活垃圾处理场（厂）废水（含渗滤液）中化学需氧量排放量为 8 802.3 吨，氨氮排放量为 1 175.1 吨；焚烧废气中二氧化硫排放量为 1 528.2 吨，氮氧化物排放量为 8 964.6 吨，颗粒物排放量为 378.8 吨。

5.2.3　危险废物（医疗废物）集中处理厂情况

2021 年，全国纳入排放源统计调查的危险废物集中处理厂有 1 528 家、（单独）医疗废物集中处置厂 389 家、协同处置企业 156 家，年运行费用为 395.8 亿元。2021 年各地区危险废物（医疗废物）集中处理厂数量见图 5-9。

危险废物（医疗废物）利用处置量为 3 593.3 万吨，其中，综合利用量为 2 018.5 万吨，处置量为 1 574.8 万吨，其中，处置工业危险废物 1 269.5 万吨、医疗废物 153.3 万吨、其他危险废物 152.1 万吨。处置量中填埋量 415.2 万吨、焚烧量 630.2 万吨。废水（含渗滤液）中化学需氧量排放量为 669.8 吨，氨氮排放量为 33.3 吨；焚烧废气中二氧化硫排放量为 1 082.0 吨，氮氧化物排放量为 6 284.5 吨，颗粒物排放量为 632.5 吨。2021 年各地区危险废物（医疗废物）集中处理厂利用处置量见图 5-10。

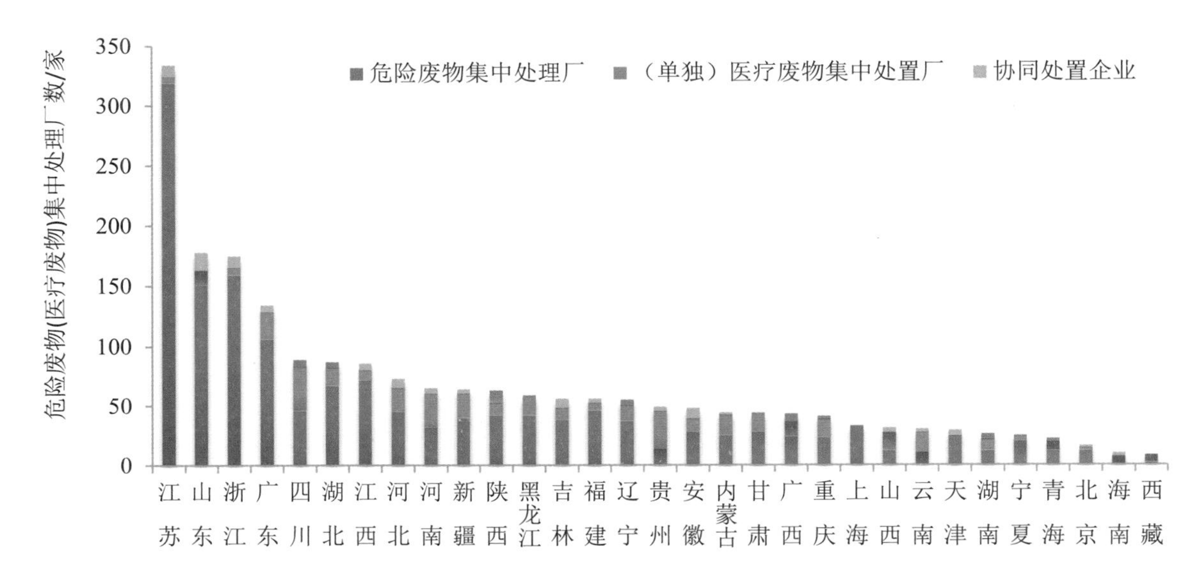

图 5-9 2021 年各地区危险废物（医疗废物）集中处理厂数量

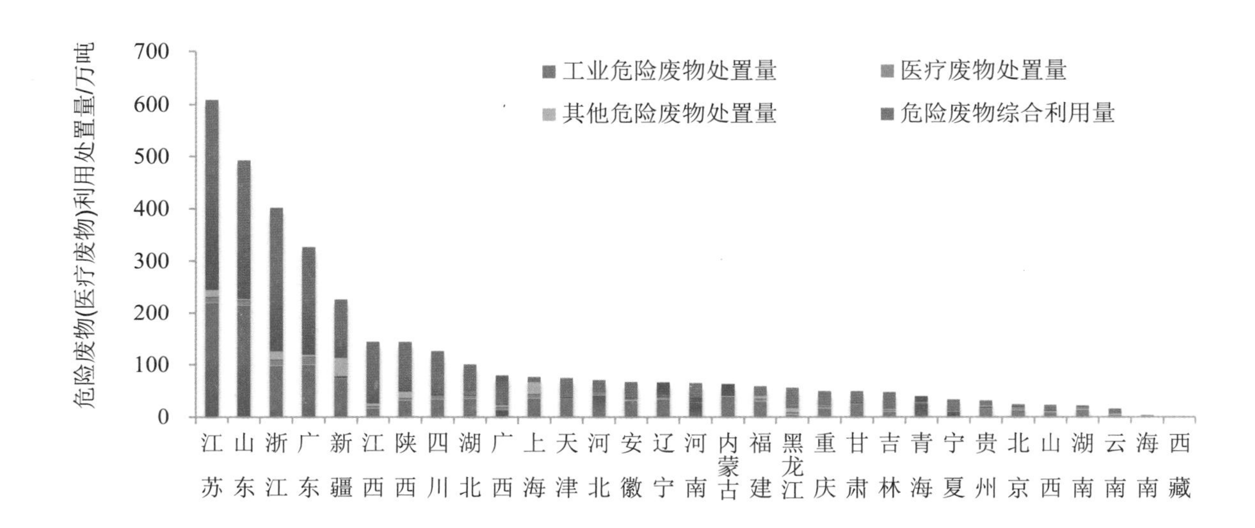

图 5-10 2021 年各地区危险废物（医疗废物）集中处理厂利用处置量

6

生态环境污染治理投资

6.1 总体情况

6.1.1 环境污染治理投资

环境污染治理投资包括老工业污染源治理投资、建设项目竣工验收环保投资、城市环境基础设施建设投资三个部分，其中，城市环境基础设施建设投资数据来源于住房城乡建设部门公开数据，老工业污染源治理投资、建设项目竣工验收环保投资数据来源于排放源统计调查。2021 年，全国环境污染治理投资总额为 9 491.8 亿元，占国内生产总值（GDP）的 0.8%，占全社会固定资产投资总额的 1.7%。其中，城市环境基础设施建设投资为 6 578.3 亿元，老工业污染源治理投资为 335.2 亿元，建设项目竣工验收环保投资为 2 578.3 亿元，分别占环境污染治理投资总额的 69.3%、3.5%和 27.2%。2021 年全国环境污染治理投资情况见表 6-1。

表 6-1　2021 年全国环境污染治理投资情况　　单位：亿元

城市环境基础设施建设投资	老工业污染源治理投资	建设项目竣工验收环保投资	投资总额
6 578.3	335.2	2 578.3	9 491.8

注：从 2012 年起，城市环境基础设施建设投资中包括城市的环境基础设施建设投资以及县城的相关投资，下同。

6.1.2 各地区环境污染治理投资

2021 年，全国环境污染治理投资总额为 9 491.8 亿元，除西藏、海南、青海、天津外，其余 27 个地区环境污染治理投资总额均超过 100 亿元。2021 年各地区环境污染治理投资情况见图 6-1。

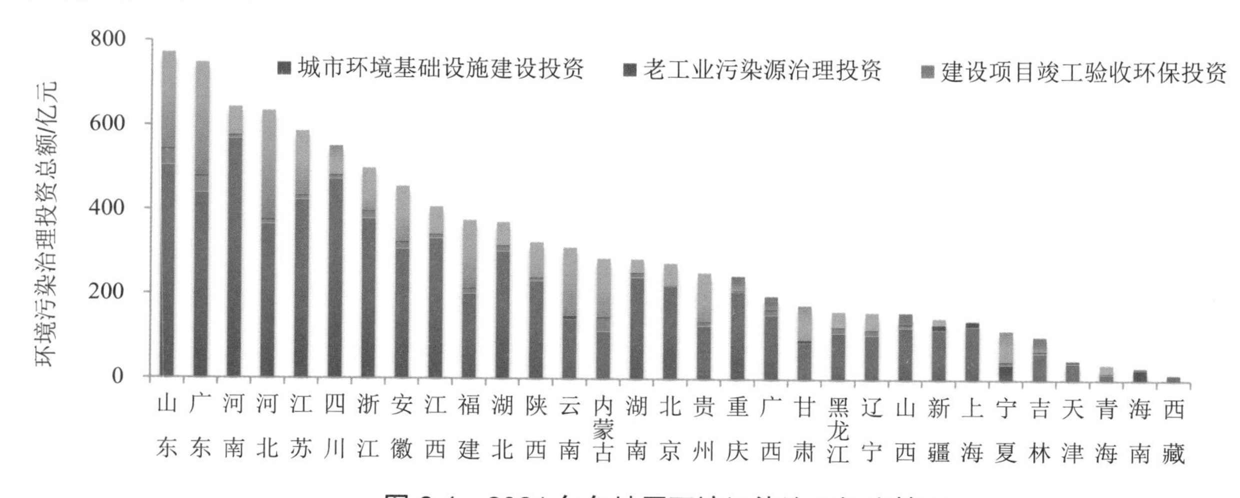

图 6-1　2021 年各地区环境污染治理投资情况

6.2 城市环境基础设施建设投资

2021 年，城市环境基础设施建设投资总额为 6 578.3 亿元。其中，燃气工程建设投资为 305.2 亿元，集中供热工程建设投资为 558.3 亿元，排水工程建设投资为 2 714.7 亿元，园林绿化工程建设投资为 2 003.1 亿元，市容环境卫生工程建设投资为 997.0 亿元，分别占城市环境基础设施建设投资总额的 4.6%、8.5%、41.3%、30.5%和 15.2%。2021 年全国城市环境基础设施建设投资构成见表 6-2。

表 6-2 2021 年全国城市环境基础设施建设投资构成　　单位：亿元

投资总额					
	燃气	集中供热	排水	园林绿化	市容环境卫生
6 578.3	305.2	558.3	2 714.7	2 003.1	997.0

6.3 老工业污染源治理投资

2021 年，老工业污染源污染治理本年施工项目为 4 569 个。其中，废水、废气、固体废物、噪声及其他治理项目分别为 555 个、2 960 个、169 个、38 个和 847 个，占本年施工项目数的 12.1%、64.8%、3.7%、0.8%和 18.5%。

老工业污染源污染治理投资总额为 335.2 亿元。其中，废水、废气、固体废物、噪声及其他治理项目投资分别为 36.1 亿元、222.1 亿元、7.9 亿元、0.5 亿元和 68.5 亿元，分别占老工业污染源治理投资额的 10.8%、66.3%、2.4%、0.2%和 20.4%。2021 年全国老工业污染源治理投资构成见表 6-3。

表 6-3 2021 年全国老工业污染源治理投资构成　　单位：亿元

投资总额					
	废水	废气	固体废物	噪声	其他
335.2	36.1	222.1	7.9	0.5	68.5

6.4 建设项目竣工验收环保投资

2021 年，建设项目竣工验收环保投资总额为 2 578.3 亿元，占建设项目投资总额的 1.3%。其中，废水、废气、固体废物、噪声和其他环保投资分别为 622.1 亿元、964.1 亿元、161.3 亿元、88.4 亿元和 742.3 亿元，分别占建设项目竣工验收环保投资总额的 24.1%、

37.4%、6.3%、3.4%和 28.8%。2021 年全国建设项目竣工验收环保投资构成见表 6-4。

表 6-4　2021 年全国建设项目竣工验收环保投资构成　　单位：亿元

投资总额	废水	废气	固体废物	噪声	其他
2 578.3	622.1	964.1	161.3	88.4	742.3

7

生态环境管理

7.1 生态环境信访情况

2021 年，全国生态环境系统深入贯彻落实习近平总书记关于加强和改进人民信访工作的重要思想，坚持人民至上，不断夯实信访工作政治责任，持续深化生态环境信访投诉工作机制改革，积极推进治理重复信访、化解信访积案专项工作，全力解决群众反映的突出环境问题，各项工作取得了良好成效。

2021 年，全国生态环境系统共接到电话举报 174 198 件，微信举报 201 714 件，网络举报 69 007 件；全国生态环境系统承办人大建议 3 829 件、政协提案 4 239 件。

7.2 生态环境法规与标准情况

2021 年，全国生态环境法制建设更加完善，法治保障更加有力，依法行政的制度约束更加严格。生态环境部门积极配合立法机关，完成《中华人民共和国噪声污染防治法》《中华人民共和国湿地保护法》《排污许可管理条例》《地下水管理条例》的制修订工作，积极推进做好《中华人民共和国黄河保护法》《中华人民共和国黑土地保护法》《中华人民共和国海洋环境保护法》《中华人民共和国危险化学品安全法》《放射性同位素与射线装置安全和防护条例》、碳排放权交易管理暂行条例等法律法规制修订，围绕蓝天、碧水、净土三大保卫战扎实推进配套规章和标准制修订。

2021 年，现行有效的地方性环保法规共 459 项，其中当年颁布 57 项。现行有效的地方性环保规章共 155 件，其中当年颁布 25 项。当年发布的地方环境质量标准和污染物排放标准共 29 项。

7.3 环保产业情况

2021 年，《中共中央 国务院关于完整准确全面贯彻新发展理念 做好碳达峰碳中和工作的意见》《中共中央 国务院关于深入打好污染防治攻坚战的意见》《关于加快建立健全绿色低碳循环发展经济体系的指导意见》等一系列重要决策部署进一步描绘、确立了新时期、新阶段生态环境保护和环保产业发展的蓝图和路线图，我国环保产业迎来了新一轮重要发展机遇。《黄河流域生态保护和高质量发展规划纲要》《长江三角洲区域生态环境共同保护规划》《“十四五”城镇污水处理及资源化利用发展规划》《“十四五”土壤、地下水和农村生态环境保护规划》《“十四五”城镇生活垃圾分类和处理设施发展规划》《“十四五”生态环境监测规划》等生态环境保护法规政策相继颁布实施，使得环保产业市场需求进一步得到释放，产业能力水平得到有效提升。据测算，2021 年全国环保产业营业收入约 2.18 万亿元，同比增长约 11.8%，其中，环境服务业营业收入约 1.31 万亿元，实现了产业规模的进一步扩大和产业结构的不断优化。环境服务模式不断创新，环境污染第三方治理、环境综合治理托管服务、环保管家、生态环境导向的开发（EOD）等模式得到推广应用。

2021 年，地方各级政府按照党中央、国务院部署要求，积极推进清洁生产审核工作，重点行业清洁生产水平不断提高，污染物排放强度和能耗大幅降低，在助力打赢污染防治攻坚战、促进产业改造升级等方面取得了显著成效。2021 年，全国公布的应开展强制性清洁生产审核企业数为 8 082 家，其中 7 825 家已开展强制性清洁生产审核，占比 96.8%。

7.4　环境科技情况

2021 年，生态环境部联合科技部印发《百城千县万名专家生态环境科技帮扶行动计划》，组织调动全国生态环境科技工作者和科技资源投身污染防治攻坚战一线，努力构建服务型生态环境科技创新体系。组织实施细颗粒物（$PM_{2.5}$）和臭氧（O_3）复合污染协同防控科技攻关，深入 54 个城市开展“一市一策”驻点跟踪研究，支撑打赢蓝天保卫战；深入推进长江生态保护修复联合研究，在 53 个城市开展“一市一策”驻点跟踪研究，支撑打好长江保护修复攻坚战；进一步完善生态环境科技成果转化综合服务平台，入库成果达到 4 800 余项，平台累计访问量已超过 150 万人次；创新生态环境科普工作方式，印发《“十四五”生态环境科普工作实施方案》，组织开展“2021 年我是生态环境讲解员”和“大学生在行动”等品牌科普活动。联合科技部开展国家生态环境科普基地综合评估工作，对 75 家科普基地管理与运行情况进行评估，通报评估结果。加强部级创新平台建设，批准建设环境损害鉴定与修复等 3 个重点实验室，建成矿冶资源利用与污染防治等 2 个重点实验室，完成 5 个科学观测研究站验收；加强交流合作，召开 3 次国家环境保护重点实验室工作交流与座谈会，完成《2020 年度重点实验室年度进展工作报告》，促进规范化管理。

7.5 海洋废弃物倾倒和污染物排放入海情况

2021年，全国各地区、各部门深入贯彻落实习近平生态文明思想和习近平总书记关于建设海洋生态环境保护的重要指示批示精神，按照党中央、国务院的决策部署，坚持以海洋生态环境突出问题为导向，以海洋生态环境质量改善为核心，持续推进陆海统筹的近岸海域污染防治，统筹谋划重点海域综合治理攻坚战行动，深入推动海洋生态环境保护各项工作，实现“十四五”良好开局。

中国作为《防止倾倒废弃物及其他物质污染海洋的公约》（即《伦敦公约》）及其《1996议定书》的缔约国，一直高度重视海洋废弃物倾倒的环境保护管理工作。2021年，全国管辖海域海区废弃物倾倒量27 004万立方米，同比增加3.2%，倾倒物质主要为清洁疏浚物。全国海洋油气平台生产水、钻屑的排海量分别为20 982万立方米和10.3万立方米，同比分别减少3.4%和26.9%，生活污水、钻井泥浆排海量分别为118.7万立方米和10.8万立方米，同比分别增加28.4%和11.2%。

7.6 环境影响评价与排污许可情况

2021年，全国环境影响评价深入推进“放管服”改革，降低51个二级行业环评类别，取消40个二级行业登记表填报，指导各地落实好《建设项目环境影响评价分类管理名录（2021年版）》。积极服务“六稳”“六保”，依托“三本台账”环评审批服务机制，推进重大项目和能源保供项目落地实施，推动遏制“两高”项目盲目发展。2021年，在全国固定资产投资增长4.9%的情况下，全国审批建设项目环境影响评价文件12.8万项，完成环境影响登记表备案42.0万项，同比分别减少40.7%和57.1%；审批的建设项目投资总额172 046.6亿元，环保投资总额5 384.1亿元，同比分别减少17.2%和29.7%，改革成效显著。

2021年，全面贯彻落实《排污许可管理条例》，持续做好排污许可发证、登记动态更新，巩固排污许可全覆盖成果，已将304.24万个固定污染源纳入排污管理范围，其中核发重点管理许可证9.57万张、简化管理许可证25.69万张，登记管理268万家，下达限期整改通知书0.98万个，实行许可管理的水、大气污染物排放口分别为25.97万个、97.09万个。

2021年，生态环境部围绕地市落地、数据入库、成果应用，开展专题调度和精准帮扶，印发《关于实施“三线一单”生态环境分区管控的指导意见（试行）》《关于做好“三线一单”成果数据报送及共享工作的通知》，指导各地做好实施应用、更新调整、监督管理、数据共享等工作。全国 31 个省（自治区、直辖市）和新疆生产建设兵团完成生态环境分区管控方案政府审议和发布实施，全国共划定 4 万多个生态环境管控单元，基本建立生态环境分区管控体系。

7.7 生态环境监测情况

2021 年，生态环境监测体制机制更加顺畅，监测网络更加完善，作用发挥更加突出。加强监测顶层设计，印发《“十四五”生态环境监测规划》，部署推进生态环境监测工作；印发《长江流域水生态监测方案（试行）》，建立长江水生态调查监测网络；印发“十四五”国家土壤、地下水点位设置方案，不断完善生态环境监测网络。拓展监测深度广度，印发《区域生态质量评价办法（试行）》，首次构建并试行生态质量监测评价体系；印发《碳监测评估试点工作方案》，在区域、城市和重点行业层面试点开展碳监测评估；发射高光谱观测卫星，提升卫星遥感监测能力。强化监测支撑服务，圆满完成北京冬奥会和冬残奥会等重大活动期间环境质量监测预报保障任务；推进长江经济带水质监测质控和应急平台建设，加强水质监测数据质量保证和质量控制；开展“我为群众办实事”实践活动，百个水质自动监测站向公众常态化开放。

2021 年，全国生态环境监测用房总面积 407.8 万平方米，监测业务经费为 258.4 亿元。原值超过 10 万元或使用频次较高的环境监测仪器 9.7 万台（套），仪器设备原值 161.6 亿元。全国共设立环境空气质量监测点位 15 769 个，酸雨监测点位数 1 130 个，沙尘天气影响环境质量监测点位数 73 个；地表水水质监测断面 37 961 个，集中式饮用水水源地监测点位数 18 580 个；开展声环境质量监测的监测点位数 284 651 个；开展污染源监督性监测的重点企业数 73 970 家。

7.8 生态环境执法情况

重点排污单位依法安装自动监测设备并与生态环境部门监控设备联网，是《中华人民共和国水污染防治法》《中华人民共和国大气污染防治法》等法律规定的一项重要环境管理制度，是加强生态环境监管、落实排污单位主体责任的重要手段。全面提高监测自动化、标准化、信息化水平，是当前和今后一个时期强化监测能力建设，健全环境治理监管体系的重要举措，污染物排放自动监测数据在排污单位强化自身管理和生态环境部门提高监管效能两方面均发挥着重要作用。2021 年，全国已实施自动监控的重点排污单位 46 783 家，涉及废水自动监控排放口 31 163 个、废气自动监控排放口 44 530 个，分别同比上升 33.3%、35.8%和 28.0%。实施自动监控的重点排污单位中，化学需氧量、氨氮、二氧化硫、氮氧化物和烟尘监控设备与生态环境护部门稳定联网的单位分别有 28 351 家、26 330 家、29 626 家、30 261 家和 35 407 家。

2021 年，各级生态环境部门继续保持“严”的主基调，围绕优化执法方式、提高执法效能的主线，深化“放管服”改革要求，健全机制，创新举措，不断推进“双随机、一公开”监管全覆盖、制度化、规范化。建立检查对象名录库 2 103 个，纳入污染源企业（单位）152.6 万家，建立检查人员信息库 1 899 个，纳入检查人员 4.3 万人，吸纳专家专技人员 510 人，吸收监测检测机构、科研院所 50 余家。全国采取“双随机、一公开”方式开展污染源日常检查 47.3 万家次。其中，抽查一般监管对象 33.3 万家次，重点监管对象 10.8 万家次，特殊监管对象 3.1 万家次。牵头组织或参加联合抽查活动 5 442 次，抽查企业（单位）2.1 万家次。全国共下达环境行政处罚决定书 13.3 万份，罚没款数额总计 116.9 亿元。

7.9 环境应急情况

2021 年，全国共发生突发环境事件 199 起，同比下降 4.3%。其中，重大事件 2 起（嘉陵江甘陕川交界断面“1·20”铊污染事件、河南省三门峡市五里川河“11·8”锑污染事件）、较大事件 9 起、一般事件 188 起。

8

全国辐射环境水平

8.1 环境电离辐射

2021 年，全国环境电离辐射水平处于本底涨落范围内。γ 辐射空气吸收剂量率和累积剂量处于当地天然本底涨落范围内。空气中天然放射性核素活度浓度处于本底水平，人工放射性核素活度浓度未见异常。长江、黄河、珠江、松花江、淮河、海河、辽河七大流域和浙闽片河流、西北诸河、西南诸河及重要湖泊（水库）中天然放射性核素活度浓度处于本底水平，人工放射性核素活度浓度未见异常。城市集中式地表水水源地和地下水水源地水中总 α 、总 β 活度浓度低于《生活饮用水卫生标准》（GB 5749—2006）规定的指导值。近岸海域海水和海洋生物中天然放射性核素活度浓度处于本底水平，人工放射性核素活度浓度未见异常，其中海水中人工放射性核素活度浓度远低于《海水水质标准》（GB 3097—1997）规定的限值。土壤中天然放射性核素活度浓度处于本底水平，人工放射性核素活度浓度未见异常。

8.2 核设施周围环境电离辐射

运行核电基地、民用研究堆、核燃料循环设施、放射性废物处置设施周围环境 γ 辐射空气吸收剂量率，空气、水、土壤、生物等环境介质中与设施活动相关的放射性核素活度浓度总体处于历年涨落范围内。上述设施运行的辐射剂量均远低于国家规定的剂量限值，未对环境安全和公众健康造成影响。

8.3 铀矿冶设施周围环境电离辐射

铀矿冶设施周围环境 γ 辐射空气吸收剂量率，空气、水和土壤中与设施活动相关的放射性核素活度浓度总体处于历年涨落范围内。

8.4 电磁辐射

2021 年，31 个省（自治区、直辖市）环境电磁辐射国控监测点的电磁辐射水平，监测的广播电视发射设施、输变电设施、移动通信基站周围电磁环境敏感目标处的电磁辐射水平总体低于《电磁环境控制限值》（GB 8702—2014）规定的公众曝露控制限值。

9

各地区污染排放及治理统计

各地区主要污染物排放情况（一）
Discharge of Key Pollutants by Region（1）
（2021）

单位：吨　　　　(ton)

年份/地区	Year/Region	化学需氧量排放量 Total Volume of COD Discharged	工业源 Industrial	农业源 Agricultural	生活源 Household	集中式污染治理设施 Centralized Treatment
	2017	**6 088 840**	**909 631**	**317 661**	**4 838 155**	**23 393**
	2018	**5 842 242**	**813 894**	**245 404**	**4 768 014**	**14 930**
	2019	**5 671 433**	**771 611**	**186 126**	**4 699 493**	**14 203**
	2020	**25 647 561**	**497 323**	**15 932 272**	**9 188 875**	**29 091**
	2021	**25 309 798**	**422 917**	**16 759 847**	**8 117 563**	**9 472**
北　京	BEIJING	48 705	1 414	12 977	34 302	12
天　津	TIANJIN	155 237	2 780	118 788	33 625	46
河　北	HEBEI	1 535 327	13 990	1 147 071	374 171	95
山　西	SHANXI	616 140	4 515	453 542	158 053	31
内蒙古	INNER MONGOLIA	767 149	6 167	642 783	118 108	90
辽　宁	LIAONING	1 198 614	10 854	1 020 525	167 062	173
吉　林	JILIN	763 218	6 915	630 255	125 740	308
黑龙江	HEILONGJIANG	851 359	6 942	697 437	146 767	213
上　海	SHANGHAI	75 136	8 636	8 204	58 179	117
江　苏	JIANGSU	1 194 923	62 855	733 722	398 054	292
浙　江	ZHEJIANG	498 708	43 647	82 370	372 473	218
安　徽	ANHUI	1 200 447	14 657	745 248	440 372	169
福　建	FUJIAN	556 889	18 744	186 704	351 308	133
江　西	JIANGXI	1 095 684	18 763	716 068	360 533	319
山　东	SHANDONG	1 562 795	41 921	1 043 566	477 179	129
河　南	HENAN	1 518 451	15 237	981 585	521 462	166
湖　北	HUBEI	1 567 538	13 506	1 140 988	412 899	145
湖　南	HUNAN	1 518 215	13 481	1 132 112	372 419	203
广　东	GUANGDONG	1 580 827	37 456	790 437	749 338	3 596
广　西	GUANGXI	958 214	12 910	489 202	455 497	605
海　南	HAINAN	171 738	3 961	95 761	71 984	33
重　庆	CHONGQING	338 201	8 899	202 542	126 684	76
四　川	SICHUAN	1 358 216	17 604	742 936	597 309	367
贵　州	GUIZHOU	1 183 540	3 912	952 179	226 861	587
云　南	YUNNAN	694 335	8 774	418 749	266 224	587
西　藏	TIBET	137 149	130	94 717	42 231	71
陕　西	SHAANXI	507 436	7 121	220 296	279 747	272
甘　肃	GANSU	661 348	2 960	559 763	98 324	301
青　海	QINGHAI	79 432	1 757	20 951	56 678	47
宁　夏	NINGXIA	245 018	2 619	213 857	28 497	44
新　疆	XINJIANG	669 811	9 788	464 513	195 484	27

注：2016—2019 年，农业源统计调查范围仅为大型畜禽养殖场，2020 年起，农业源统计调查范围包括种植业、畜禽养殖业和水产养殖业；2020 年起，生活源废水污染物统计范围增加农村；下同。

各地区主要污染物排放情况（二）
Discharge of Key Pollutants by Region（2）
（2021）

单位：吨 （ton）

年份/地区	Year/Region	氨氮排放量 Total Volume of Ammonia Nitrogen Discharged	工业源 Industrial	农业源 Agricultural	生活源 Household	集中式污染治理设施 Centralized Treatment
	2017	**508 657**	**44 500**	**6 576**	**454 119**	**3 463**
	2018	**494 357**	**39 863**	**4 810**	**447 187**	**2 497**
	2019	**462 528**	**34 911**	**3 683**	**421 390**	**2 544**
	2020	**984 018**	**21 216**	**253 780**	**706 572**	**2 450**
	2021	**867 512**	**17 109**	**268 825**	**580 370**	**1 208**
北　京	BEIJING	2 192	26	201	1 965	…
天　津	TIANJIN	2 487	82	1 162	1 235	8
河　北	HEBEI	37 074	684	14 310	22 071	8
山　西	SHANXI	14 027	157	5 432	8 431	6
内蒙古	INNER MONGOLIA	15 805	287	8 680	6 825	12
辽　宁	LIAONING	16 013	392	9 005	6 587	30
吉　林	JILIN	11 338	305	6 270	4 708	55
黑龙江	HEILONGJIANG	14 679	498	8 418	5 731	31
上　海	SHANGHAI	2 947	192	260	2 492	3
江　苏	JIANGSU	43 341	2 185	15 923	25 219	14
浙　江	ZHEJIANG	34 980	642	5 891	28 436	10
安　徽	ANHUI	43 321	772	15 783	26 741	26
福　建	FUJIAN	38 177	650	11 468	26 047	12
江　西	JIANGXI	47 049	1 380	16 664	28 930	74
山　东	SHANDONG	46 436	1 372	16 556	28 502	6
河　南	HENAN	43 310	741	12 522	30 016	30
湖　北	HUBEI	54 969	731	20 502	33 713	22
湖　南	HUNAN	57 518	643	24 472	32 365	37
广　东	GUANGDONG	77 198	1 403	16 219	59 379	196
广　西	GUANGXI	53 238	480	16 569	36 050	139
海　南	HAINAN	6 607	102	1 672	4 826	6
重　庆	CHONGQING	19 550	411	3 634	15 498	8
四　川	SICHUAN	64 878	1 234	10 702	52 876	66
贵　州	GUIZHOU	25 613	307	6 884	18 285	137
云　南	YUNNAN	26 189	369	6 919	18 778	123
西　藏	TIBET	4 069	5	430	3 619	15
陕　西	SHAANXI	27 122	297	2 892	23 884	49
甘　肃	GANSU	6 023	133	2 992	2 832	65
青　海	QINGHAI	5 589	90	281	5 211	7
宁　夏	NINGXIA	2 533	84	1 175	1 265	9
新　疆	XINJIANG	23 241	453	4 935	17 851	2

各地区主要污染物排放情况（三）
Discharge of Key Pollutants by Region（3）
（2021）

单位：吨 （ton）

年份/地区	Year/Region	二氧化硫排放量 Total Volume of Sulphur Dioxide Discharged	工业源 Industrial	生活源 Household	集中式污染治理设施 Centralized Treatment
	2017	**6 108 376**	**5 298 770**	**805 186**	**4 421**
	2018	**5 161 169**	**4 467 324**	**687 238**	**6 606**
	2019	**4 572 858**	**3 953 670**	**612 998**	**6 191**
	2020	**3 182 201**	**2 531 511**	**648 061**	**2 629**
	2021	**2 747 810**	**2 096 584**	**648 616**	**2 610**
北　京	BEIJING	1 422	1 004	415	3
天　津	TIANJIN	8 510	8 138	345	27
河　北	HEBEI	170 654	127 399	43 067	187
山　西	SHANXI	146 959	103 813	43 096	50
内蒙古	INNER MONGOLIA	224 779	157 044	67 665	71
辽　宁	LIAONING	163 342	102 056	61 090	196
吉　林	JILIN	62 286	43 654	18 576	56
黑龙江	HEILONGJIANG	110 319	57 784	52 506	30
上　海	SHANGHAI	5 766	5 535	220	10
江　苏	JIANGSU	88 576	84 088	4 122	366
浙　江	ZHEJIANG	43 325	42 229	906	190
安　徽	ANHUI	85 504	81 701	3 711	92
福　建	FUJIAN	65 064	56 626	8 215	223
江　西	JIANGXI	87 511	71 379	16 047	85
山　东	SHANDONG	165 340	125 102	40 168	70
河　南	HENAN	59 958	53 615	6 325	18
湖　北	HUBEI	92 111	51 660	40 419	31
湖　南	HUNAN	84 857	50 480	34 222	154
广　东	GUANGDONG	97 894	82 106	15 479	309
广　西	GUANGXI	74 316	69 324	4 863	129
海　南	HAINAN	4 266	4 262	…	4
重　庆	CHONGQING	50 615	41 733	8 856	25
四　川	SICHUAN	135 792	105 531	30 208	53
贵　州	GUIZHOU	143 085	110 766	32 212	107
云　南	YUNNAN	173 147	117 115	55 996	35
西　藏	TIBET	2 240	1 146	1 094	…
陕　西	SHAANXI	81 120	55 788	25 279	53
甘　肃	GANSU	84 673	66 481	18 188	3
青　海	QINGHAI	40 805	39 335	1 467	3
宁　夏	NINGXIA	60 292	59 634	657	1
新　疆	XINJIANG	133 283	120 054	13 200	29

各地区主要污染物排放情况（四）
Discharge of Key Pollutants by Region（4）
（2021）

单位：吨　　（ton）

年份/地区	Year/Region	氮氧化物排放量 Total Volume of Nitrogen Oxide Discharged	工业源 Industrial	生活源 Household	移动源 Vehicle	集中式污染治理设施 Centralized Treatment
	2017	**13 483 990**	**6 464 927**	**591 756**	**6 412 177**	**15 131**
	2018	**12 884 376**	**5 887 366**	**531 415**	**6 445 982**	**19 613**
	2019	**12 338 518**	**5 480 735**	**497 424**	**6 336 318**	**24 040**
	2020	**10 196 558**	**4 174 959**	**333 806**	**5 669 200**	**18 592**
	2021	**9 883 783**	**3 688 711**	**358 851**	**5 820 971**	**15 249**
北　京	BEIJING	82 050	9 590	8 333	64 118	8
天　津	TIANJIN	107 247	24 821	3 697	78 622	107
河　北	HEBEI	822 429	257 299	38 065	526 026	1 039
山　西	SHANXI	428 267	173 682	16 192	238 124	268
内蒙古	INNER MONGOLIA	433 482	252 199	39 962	141 015	305
辽　宁	LIAONING	544 806	208 080	20 913	314 747	1 066
吉　林	JILIN	222 572	85 402	9 416	127 385	369
黑龙江	HEILONGJIANG	278 453	96 727	30 191	151 431	105
上　海	SHANGHAI	135 700	21 481	4 765	109 056	398
江　苏	JIANGSU	528 873	172 773	8 357	345 389	2 355
浙　江	ZHEJIANG	380 521	113 811	2 739	263 240	730
安　徽	ANHUI	445 837	139 269	12 264	293 918	386
福　建	FUJIAN	245 092	139 900	2 730	101 679	783
江　西	JIANGXI	324 175	142 163	5 405	176 419	189
山　东	SHANDONG	816 836	244 099	19 073	553 307	357
河　南	HENAN	498 122	98 370	6 602	393 097	53
湖　北	HUBEI	357 604	110 918	13 107	233 388	191
湖　南	HUNAN	261 840	94 086	12 230	154 253	1 270
广　东	GUANGDONG	629 566	216 301	10 712	400 410	2 143
广　西	GUANGXI	301 218	137 822	1 980	160 628	788
海　南	HAINAN	38 315	18 275	714	19 317	9
重　庆	CHONGQING	157 557	70 029	6 530	80 952	46
四　川	SICHUAN	349 729	145 956	21 365	182 178	230
贵　州	GUIZHOU	223 659	117 519	4 711	100 640	789
云　南	YUNNAN	320 112	140 415	11 720	167 829	148
西　藏	TIBET	44 272	4 015	241	40 016	...
陕　西	SHAANXI	249 732	108 646	14 990	125 293	804
甘　肃	GANSU	184 550	79 838	10 534	94 156	21
青　海	QINGHAI	65 725	25 683	5 282	34 745	15
宁　夏	NINGXIA	122 915	84 050	1 806	37 046	13
新　疆	XINJIANG	282 529	155 493	14 224	112 548	265

各地区主要污染物排放情况（五）
Discharge of Key Pollutants by Region（5）
（2021）

单位：吨 （ton）

年份/地区	Year/Region	颗粒物排放量 Total Volume of Particulate Matter Discharged	工业源 Industrial	生活源 Household	移动源 Vehicle	集中式污染治理设施 Centralized Treatment
	2017	**12 849 494**	**10 669 966**	**2 061 452**	**114 314**	**3 762**
	2018	**11 322 554**	**9 489 037**	**1 731 412**	**99 350**	**2 755**
	2019	**10 884 766**	**9 259 287**	**1 549 001**	**73 693**	**2 784**
	2020	**6 113 961**	**4 009 413**	**2 016 198**	**85 240**	**3 110**
	2021	**5 373 754**	**3 252 712**	**2 051 754**	**68 278**	**1 011**
北　京	BEIJING	5 418	2 180	2 800	437	1
天　津	TIANJIN	12 840	8 189	3 743	897	11
河　北	HEBEI	349 819	128 098	216 622	4 936	163
山　西	SHANXI	295 873	185 331	108 132	2 403	6
内蒙古	INNER MONGOLIA	961 159	620 790	338 569	1 782	18
辽　宁	LIAONING	273 085	115 373	153 098	4 570	44
吉　林	JILIN	169 458	92 711	74 416	2 319	13
黑龙江	HEILONGJIANG	350 816	85 149	262 646	3 015	6
上　海	SHANGHAI	9 780	7 557	1 301	913	9
江　苏	JIANGSU	126 490	105 601	17 076	3 697	116
浙　江	ZHEJIANG	71 620	65 738	2 811	3 015	56
安　徽	ANHUI	117 327	76 227	37 819	3 224	57
福　建	FUJIAN	93 097	75 289	16 514	1 213	81
江　西	JIANGXI	109 686	75 178	32 263	2 190	55
山　东	SHANDONG	216 931	102 853	107 774	6 276	28
河　南	HENAN	72 655	55 802	11 985	4 862	6
湖　北	HUBEI	134 713	50 343	81 221	3 109	40
湖　南	HUNAN	150 174	62 276	85 811	2 064	23
广　东	GUANGDONG	134 655	85 209	44 754	4 603	89
广　西	GUANGXI	87 850	76 058	9 809	1 919	64
海　南	HAINAN	9 312	8 869	66	376	2
重　庆	CHONGQING	58 037	46 178	10 910	941	8
四　川	SICHUAN	192 115	142 165	47 952	1 976	22
贵　州	GUIZHOU	115 912	78 751	35 862	1 279	20
云　南	YUNNAN	248 150	152 912	93 459	1 763	15
西　藏	TIBET	8 335	6 068	1 689	579	...
陕　西	SHAANXI	231 501	157 591	72 864	1 015	32
甘　肃	GANSU	131 226	57 013	72 981	1 230	1
青　海	QINGHAI	56 700	41 476	14 990	230	4
宁　夏	NINGXIA	65 312	61 590	3 412	309	...
新　疆	XINJIANG	513 705	424 145	88 404	1 135	20

各地区工业废水排放及处理情况（一）
Discharge and Treatment of Industrial Waste Water by Region（1）
（2021）

年份/地区	Year/Region	汇总工业企业数量/家 Number of Industrial Enterprises Investigated（unit）	工业废水中污染物排放量/吨 Amount of Pollutants Discharged in the Industrial Waste Water（ton）			
			化学需氧量 COD	氨氮 Ammonia Nitrogen	总氮 Total Nitrogen	总磷 Total Phosphorus
	2017	**138 481**	**909 631**	**44 500**	**155 673**	**7 878**
	2018	**135 787**	**813 894**	**39 863**	**144 371**	**7 424**
	2019	**173 650**	**771 611**	**34 911**	**134 262**	**7 676**
	2020	**170 619**	**497 323**	**21 216**	**114 378**	**3 675**
	2021	**165 190**	**422 917**	**17 109**	**99 809**	**3 112**
北　京	BEIJING	1 883	1 414	26	662	9
天　津	TIANJIN	3 264	2 780	82	932	23
河　北	HEBEI	12 321	13 990	684	3 677	110
山　西	SHANXI	5 034	4 515	157	1 118	37
内蒙古	INNER MONGOLIA	3 102	6 167	287	1 693	34
辽　宁	LIAONING	6 176	10 854	392	2 811	122
吉　林	JILIN	1 681	6 915	305	1 528	39
黑龙江	HEILONGJIANG	1 482	6 942	498	1 785	52
上　海	SHANGHAI	3 301	8 636	192	2 396	40
江　苏	JIANGSU	10 853	62 855	2 185	12 313	350
浙　江	ZHEJIANG	17 472	43 647	642	11 088	190
安　徽	ANHUI	7 351	14 657	772	3 885	149
福　建	FUJIAN	5 114	18 744	650	3 327	177
江　西	JIANGXI	8 669	18 763	1 380	4 035	150
山　东	SHANDONG	11 825	41 921	1 372	11 464	319
河　南	HENAN	7 205	15 237	741	4 826	123
湖　北	HUBEI	5 060	13 506	731	3 785	109
湖　南	HUNAN	4 966	13 481	643	2 401	114
广　东	GUANGDONG	17 712	37 456	1 403	8 880	275
广　西	GUANGXI	3 027	12 910	480	2 148	103
海　南	HAINAN	598	3 961	102	548	17
重　庆	CHONGQING	2 735	8 899	411	2 644	95
四　川	SICHUAN	9 322	17 604	1 234	4 787	173
贵　州	GUIZHOU	1 435	3 912	307	608	46
云　南	YUNNAN	4 029	8 774	369	1 233	95
西　藏	TIBET	347	130	5	13	1
陕　西	SHAANXI	2 940	7 121	297	1 642	43
甘　肃	GANSU	2 030	2 960	133	1 046	23
青　海	QINGHAI	479	1 757	90	297	10
宁　夏	NINGXIA	1 062	2 619	84	606	16
新　疆	XINJIANG	2 715	9 788	453	1 632	66

各地区工业废水排放及处理情况（二）
Discharge and Treatment of Industrial Waste Water by Region（2）
（2021）

单位：千克 （kg）

年份/地区	Year/Region	工业废水中污染物排放量 Amount of Pollutants Discharged in the Industrial Waste Water			
		石油类 Petroleum	挥发酚 Volatile Phenol	氰化物 Cyanide	重金属 Heavy Metal
	2017	**7 639 284**	**244 103**	**54 044**	**176 384**
	2018	**7 157 690**	**174 441**	**46 053**	**125 421**
	2019	**6 292 979**	**147 074**	**38 236**	**117 650**
	2020	**3 734 039**	**59 799**	**42 425**	**67 490**
	2021	**2 217 540**	**51 687**	**28 047**	**44 983**
北　京	BEIJING	6 899	36	23	3
天　津	TIANJIN	10 186	16	88	68
河　北	HEBEI	160 669	5 005	2 938	651
山　西	SHANXI	33 954	899	798	332
内蒙古	INNER MONGOLIA	16 977	59	57	364
辽　宁	LIAONING	190 469	9 158	960	456
吉　林	JILIN	20 532	331	212	535
黑龙江	HEILONGJIANG	37 323	1 161	316	367
上　海	SHANGHAI	172 394	614	188	242
江　苏	JIANGSU	169 217	3 670	1 794	2 194
浙　江	ZHEJIANG	157 403	792	681	2 976
安　徽	ANHUI	101 249	812	1 079	2 572
福　建	FUJIAN	58 373	966	740	2 571
江　西	JIANGXI	112 654	11 492	1 444	4 257
山　东	SHANDONG	207 013	5 092	1 107	4 076
河　南	HENAN	34 259	362	260	1 071
湖　北	HUBEI	103 671	1 061	7 121	945
湖　南	HUNAN	61 640	1 460	2 605	6 175
广　东	GUANGDONG	182 236	667	3 743	5 493
广　西	GUANGXI	28 539	269	81	1 073
海　南	HAINAN	1 370	212	22	37
重　庆	CHONGQING	108 443	3 112	317	222
四　川	SICHUAN	73 221	358	40	756
贵　州	GUIZHOU	21 770	262	324	369
云　南	YUNNAN	26 022	104	129	2 519
西　藏	TIBET	69	0	0	12
陕　西	SHAANXI	37 034	563	574	525
甘　肃	GANSU	21 769	447	127	1 015
青　海	QINGHAI	6 362	491	8	2 273
宁　夏	NINGXIA	4 833	90	77	48
新　疆	XINJIANG	50 990	2 128	194	790

各地区工业废气排放及处理情况
Discharge and Treatment of Industrial Waste Gas by Region
（2021）

单位：吨　　　　(ton)

年份/地区	Year/Region	工业废气中污染物排放量 Volume of Pollutants Emission in the Industrial Waste Gas			
		二氧化硫 Sulphur Dioxide	氮氧化物 Nitrogen Oxide	颗粒物 Particulate Matter	挥发性有机物 Volatile Organic Compounds
	2017	**5 298 770**	**6 464 927**	**10 669 966**	—
	2018	**4 467 324**	**5 887 366**	**9 489 037**	—
	2019	**3 953 670**	**5 480 735**	**9 259 287**	—
	2020	**2 531 511**	**4 174 959**	**4 009 413**	**2 171 281**
	2021	**2 096 584**	**3 688 711**	**3 252 712**	**2 078 537**
北　京	BEIJING	1 004	9 590	2 180	13 314
天　津	TIANJIN	8 138	24 821	8 189	24 225
河　北	HEBEI	127 399	257 299	128 098	86 738
山　西	SHANXI	103 813	173 682	185 331	113 811
内蒙古	INNER MONGOLIA	157 044	252 199	620 790	96 335
辽　宁	LIAONING	102 056	208 080	115 373	106 438
吉　林	JILIN	43 654	85 402	92 711	13 557
黑龙江	HEILONGJIANG	57 784	96 727	85 149	30 175
上　海	SHANGHAI	5 535	21 481	7 557	26 722
江　苏	JIANGSU	84 088	172 773	105 601	202 049
浙　江	ZHEJIANG	42 229	113 811	65 738	185 274
安　徽	ANHUI	81 701	139 269	76 227	62 497
福　建	FUJIAN	56 626	139 900	75 289	88 374
江　西	JIANGXI	71 379	142 163	75 178	58 046
山　东	SHANDONG	125 102	244 099	102 853	217 435
河　南	HENAN	53 615	98 370	55 802	31 849
湖　北	HUBEI	51 660	110 918	50 343	47 530
湖　南	HUNAN	50 480	94 086	62 276	31 815
广　东	GUANGDONG	82 106	216 301	85 209	232 915
广　西	GUANGXI	69 324	137 822	76 058	44 056
海　南	HAINAN	4 262	18 275	8 869	11 420
重　庆	CHONGQING	41 733	70 029	46 178	42 503
四　川	SICHUAN	105 531	145 956	142 165	59 267
贵　州	GUIZHOU	110 766	117 519	78 751	12 992
云　南	YUNNAN	117 115	140 415	152 912	38 521
西　藏	TIBET	1 146	4 015	6 068	181
陕　西	SHAANXI	55 788	108 646	157 591	57 524
甘　肃	GANSU	66 481	79 838	57 013	20 518
青　海	QINGHAI	39 335	25 683	41 476	5 932
宁　夏	NINGXIA	59 634	84 050	61 590	34 853
新　疆	XINJIANG	120 054	155 493	424 145	81 672

各地区工业污染治理情况（一）
Discharge and Treatment of Industrial Waste Water by Region（1）
（2021）

年份/地区	Year/Region	废水治理设施数量/套 Number of Facilities for Treatment of Waste Water（set）	废水治理设施治理能力/（万吨/日） Capacity of Facilities For Treatment of Waste Water（10 000 tons/day）	工业废水治理设施运行费用/万元 Annual Expenditure for Operation（10 000 yuan）
	2017	**62 125**	**18 330.6**	**6 498 905.9**
	2018	**63 412**	**16 317.0**	**6 691 809.6**
	2019	**69 200**	**17 195.3**	**8 075 179.8**
	2020	**68 150**	**16 281.5**	**8 372 425.4**
	2021	**70 212**	**18 466.3**	**7 138 131.3**
北　京	BEIJING	507	46.8	30 321.7
天　津	TIANJIN	1 079	86.7	82 013.1
河　北	HEBEI	3 221	2 071.5	380 101.0
山　西	SHANXI	1 531	459.8	152 595.9
内蒙古	INNER MONGOLIA	1 306	439.1	277 506.5
辽　宁	LIAONING	1 916	955.3	261 836.1
吉　林	JILIN	661	171.2	61 172.1
黑龙江	HEILONGJIANG	843	611.2	141 204.1
上　海	SHANGHAI	1 691	159.7	159 226.2
江　苏	JIANGSU	6 603	1 206.5	856 485.3
浙　江	ZHEJIANG	8 429	1 026.7	721 836.5
安　徽	ANHUI	2 984	999.2	289 862.4
福　建	FUJIAN	3 175	1 604.9	234 512.5
江　西	JIANGXI	3 408	663.4	261 517.6
山　东	SHANDONG	5 510	1 436.6	756 490.4
河　南	HENAN	2 523	818.6	234 025.0
湖　北	HUBEI	2 363	615.6	250 480.4
湖　南	HUNAN	1 980	248.2	134 211.2
广　东	GUANGDONG	7 587	1 036.8	655 945.5
广　西	GUANGXI	1 113	791.1	87 609.9
海　南	HAINAN	280	53.7	24 370.3
重　庆	CHONGQING	1 528	132.4	86 307.9
四　川	SICHUAN	3 951	921.6	310 844.7
贵　州	GUIZHOU	779	537.9	68 580.6
云　南	YUNNAN	1 813	535.7	98 111.8
西　藏	TIBET	47	3.2	866.7
陕　西	SHAANXI	1 289	326.3	172 164.4
甘　肃	GANSU	726	109.3	61 827.7
青　海	QINGHAI	171	21.7	14 585.2
宁　夏	NINGXIA	355	108.2	89 984.2
新　疆	XINJIANG	843	267.6	181 534.6

注：废水治理设施相关指标数据口径为有任意一项废水污染物产生或者排放的企业（即涉水企业），下同。

各地区工业污染治理情况（二）
Discharge and Treatment of Industrial Waste Gas by Region（2）
（2021）

年份/地区	Year/Region	废气治理设施数量/套 Facilities for Treatment of Waste Gas（set）	脱硫设施 Desulfurization Facilities	脱硝设施 Denitrification Facilities	除尘设施 Dedusting Facilities	VOCs 治理设施 VOCs Treatment Facilities	废气治理设施运行费用/万元 Annual Expenditure for Operation（10 000 yuan）
	2017	**229 618**	**43 070**	**18 859**	**125 630**	**42 059**	**19 679 047.9**
	2018	**246 558**	**41 741**	**21 815**	**129 907**	**53 095**	**21 728 171.1**
	2019	**315 586**	**46 269**	**27 699**	**162 799**	**78 819**	**23 396 539.1**
	2020	**372 962**	**37 026**	**22 663**	**174 806**	**96 585**	**25 604 198.0**
	2021	**369 326**	**33 813**	**23 294**	**173 608**	**98 603**	**22 219 682.0**
北　京	BEIJING	3 483	38	446	1 514	1 124	75 322.1
天　津	TIANJIN	7 626	274	306	3 282	3 067	387 871.5
河　北	HEBEI	34 359	1 859	2 524	17 589	9 017	2 425 939.3
山　西	SHANXI	13 680	1 781	1 652	8 920	884	1 052 513.9
内蒙古	INNER MONGOLIA	8 700	1 761	759	5 813	194	910 045.7
辽　宁	LIAONING	12 497	1 961	1 251	7 091	1 554	882 929.3
吉　林	JILIN	3 296	733	262	1 847	324	197 910.5
黑龙江	HEILONGJIANG	4 280	824	668	2 591	123	213 877.5
上　海	SHANGHAI	11 022	176	351	3 825	4 709	543 532.7
江　苏	JIANGSU	27 284	1 116	899	9 785	10 554	2 145 394.8
浙　江	ZHEJIANG	31 791	1 374	754	11 480	12 889	1 302 617.3
安　徽	ANHUI	17 269	1 418	795	9 430	3 994	1 005 349.7
福　建	FUJIAN	11 168	1 240	434	5 114	3 206	483 691.9
江　西	JIANGXI	12 824	1 496	354	6 437	3 338	606 398.6
山　东	SHANDONG	42 727	3 495	5 009	20 401	10 636	2 807 312.8
河　南	HENAN	15 768	1 671	1 611	8 200	3 284	960 663.1
湖　北	HUBEI	10 223	784	417	5 556	2 343	689 151.3
湖　南	HUNAN	7 085	1 227	295	3 824	1 246	404 001.8
广　东	GUANGDONG	40 721	2 254	909	11 916	17 669	1 430 885.8
广　西	GUANGXI	4 547	903	219	2 656	503	380 618.3
海　南	HAINAN	742	102	41	473	51	101 515.4
重　庆	CHONGQING	5 255	590	203	2 443	1 150	277 247.0
四　川	SICHUAN	15 951	1 850	776	7 603	4 426	610 271.7
贵　州	GUIZHOU	1 885	355	152	1 005	159	337 909.0
云　南	YUNNAN	6 375	1 135	210	4 410	274	384 751.0
西　藏	TIBET	261	18	12	225	0	8 188.0
陕　西	SHAANXI	5 794	737	525	2 853	1 133	403 945.1
甘　肃	GANSU	4 099	899	490	2 298	227	342 661.9
青　海	QINGHAI	1 264	134	87	901	81	80 993.7
宁　夏	NINGXIA	2 726	518	268	1 651	168	348 007.6
新　疆	XINJIANG	4 624	1 090	615	2 475	276	418 163.7

注：废气治理设施相关指标数据口径为有任意一项废气污染物产生或者排放的企业（即涉气企业），下同。

各地区一般工业固体废物产生及利用处置情况
Generation and Utilization of Industrial Solid Wastes by Region
（2021）

单位：万吨 （10 000 tons）

年份/地区	Year/Region	一般工业固体废物产生量 Industrial Solid Wastes Generated	一般工业固体废物综合利用量 Industrial Solid Wastes Utilized	一般工业固体废物处置量 Industrial Solid Wastes Disposed
	2017	**386 707**	**206 117**	**94 314**
	2018	**407 799**	**216 860**	**103 283**
	2019	**440 810**	**232 079**	**110 359**
	2020	**367 546**	**203 798**	**91 749**
	2021	**397 006**	**226 659**	**88 876**
北　京	BEIJING	194	114	80
天　津	TIANJIN	1 927	1 921	5
河　北	HEBEI	40 899	22 320	6 365
山　西	SHANXI	45 901	18 585	21 664
内蒙古	INNER MONGOLIA	41 211	13 814	16 118
辽　宁	LIAONING	24 610	13 139	7 539
吉　林	JILIN	5 022	2 639	1 540
黑龙江	HEILONGJIANG	8 316	3 609	1 388
上　海	SHANGHAI	2 073	1 947	126
江　苏	JIANGSU	13 051	12 350	699
浙　江	ZHEJIANG	5 315	5 336	22
安　徽	ANHUI	14 508	13 594	813
福　建	FUJIAN	6 665	5 588	784
江　西	JIANGXI	11 533	5 586	657
山　东	SHANDONG	25 233	20 027	1 625
河　南	HENAN	16 647	13 061	1 376
湖　北	HUBEI	10 217	6 843	2 013
湖　南	HUNAN	4 846	3 748	526
广　东	GUANGDONG	7 905	6 652	938
广　西	GUANGXI	9 386	4 296	1 367
海　南	HAINAN	658	441	217
重　庆	CHONGQING	2 267	1 884	271
四　川	SICHUAN	14 435	6 151	2 351
贵　州	GUIZHOU	10 911	7 828	1 624
云　南	YUNNAN	17 845	9 196	4 861
西　藏	TIBET	1 930	172	15
陕　西	SHAANXI	13 050	6 463	5 010
甘　肃	GANSU	6 262	2 990	1 986
青　海	QINGHAI	15 753	8 379	173
宁　夏	NINGXIA	7 857	3 555	4 243
新　疆	XINJIANG	10 581	4 430	2 481

各地区工业危险废物产生及利用处置情况

Generation and Utilization of Hazardous Wastes by Region

（2021）

单位：吨　　（ton）

年份/地区	Year/Region	危险废物产生量 Hazardous Wastes Generated	危险废物利用处置量 Hazardous Wastes Utilized and Disposed
	2017	**65 812 889**	**59 726 782**
	2018	**74 699 695**	**67 884 921**
	2019	**81 259 549**	**75 392 825**
	2020	**72 818 098**	**76 304 819**
	2021	**86 536 074**	**84 612 091**
北　京	BEIJING	262 271	262 860
天　津	TIANJIN	716 444	716 528
河　北	HEBEI	4 809 005	4 796 266
山　西	SHANXI	3 774 958	3 759 977
内蒙古	INNER MONGOLIA	6 094 825	6 076 186
辽　宁	LIAONING	2 125 652	2 033 621
吉　林	JILIN	2 454 114	2 454 421
黑龙江	HEILONGJIANG	1 181 275	1 154 669
上　海	SHANGHAI	1 402 469	1 400 519
江　苏	JIANGSU	5 734 886	5 746 292
浙　江	ZHEJIANG	5 054 617	5 070 447
安　徽	ANHUI	2 373 065	2 335 340
福　建	FUJIAN	1 733 261	1 723 091
江　西	JIANGXI	1 870 595	1 847 401
山　东	SHANDONG	9 671 387	10 082 156
河　南	HENAN	2 718 794	2 826 807
湖　北	HUBEI	1 446 062	1 423 225
湖　南	HUNAN	2 083 483	2 121 118
广　东	GUANGDONG	5 042 435	5 045 371
广　西	GUANGXI	3 784 390	4 071 056
海　南	HAINAN	185 022	193 319
重　庆	CHONGQING	972 018	981 909
四　川	SICHUAN	4 826 965	4 976 141
贵　州	GUIZHOU	735 087	744 197
云　南	YUNNAN	3 043 660	3 024 352
西　藏	TIBET	1 161	1 071
陕　西	SHAANXI	2 143 159	2 259 103
甘　肃	GANSU	1 969 854	1 781 467
青　海	QINGHAI	3 439 690	1 201 172
宁　夏	NINGXIA	1 122 074	1 154 630
新　疆	XINJIANG	3 763 396	3 347 379

各地区工业污染防治投资情况（一）

Treatment Investment for Industrial Pollution by Region（1）

（2021）

单位：个　　　　（unit）

年份/地区 Year/Region	涉投资工业企业数 Number of Industrial Enterprises Collected	本年施工项目总数 Number of Projects under Construction	工业废水治理项目 Treatment of Waste Water	工业废气治理项目 Treatment of Waste Gas	脱硫治理项目 Treatment of Desulfurization	脱硝治理项目 Treatment of Denitration	工业固体废物治理项目 Treatment of Solid Wastes	噪声治理项目 Treatment of Noise Pollution	其他治理项目 Treatment of Other Pollution
2017	**9 887**	**9 809**	**1 402**	**6 383**	**1 392**	**610**	**138**	**107**	**1 779**
2018	**7 991**	**8 257**	**1 243**	**5 058**	**939**	**500**	**162**	**103**	**1 691**
2019	**8 357**	**7 609**	**1 251**	**4 633**	**672**	**511**	**130**	**87**	**1 508**
2020	**5 400**	**5 190**	**678**	**3 164**	**353**	**313**	**65**	**51**	**1 232**
2021	**4 684**	**4 569**	**555**	**2 960**	**334**	**233**	**169**	**38**	**847**
北　京 BEIJING	31	30	5	22	0	1	1	1	1
天　津 TIANJIN	52	41	1	33	0	2	0	0	7
河　北 HEBEI	191	155	7	113	16	9	1	0	34
山　西 SHANXI	77	99	15	47	5	7	4	2	31
内蒙古 INNER MONGOLIA	138	155	21	75	18	13	11	0	48
辽　宁 LIAONING	130	138	11	89	14	7	3	2	33
吉　林 JILIN	43	39	3	27	6	3	1	0	8
黑龙江 HEILONGJIANG	80	82	8	52	13	16	6	1	15
上　海 SHANGHAI	87	131	22	77	0	0	2	3	27
江　苏 JIANGSU	271	275	38	190	0	6	7	3	37
浙　江 ZHEJIANG	623	530	87	288	12	16	53	6	96
安　徽 ANHUI	194	175	18	135	23	12	3	2	17
福　建 FUJIAN	164	170	14	132	11	13	6	4	14
江　西 JIANGXI	200	162	36	75	14	2	4	3	44
山　东 SHANDONG	516	506	39	403	23	23	8	2	54
河　南 HENAN	149	159	12	122	14	19	1	1	23
湖　北 HUBEI	154	167	26	124	8	8	1	0	16
湖　南 HUNAN	117	119	22	89	5	7	2	0	6
广　东 GUANGDONG	400	406	34	317	13	14	6	1	48
广　西 GUANGXI	81	82	10	63	10	3	2	1	6
海　南 HAINAN	28	39	15	16	2	2	2	0	6
重　庆 CHONGQING	52	54	7	34	3	3	2	0	11
四　川 SICHUAN	221	147	28	93	11	7	3	1	22
贵　州 GUIZHOU	90	118	20	38	13	6	18	2	40
云　南 YUNNAN	194	225	27	102	33	5	8	2	86
西　藏 TIBET	11	2	0	0	0	0	1	0	1
陕　西 SHAANXI	95	117	9	58	5	4	3	1	46
甘　肃 GANSU	66	44	6	27	4	0	1	0	10
青　海 QINGHAI	31	17	1	10	4	1	1	0	5
宁　夏 NINGXIA	53	57	7	35	23	1	1	0	14
新　疆 XINJIANG	145	128	6	74	31	23	7	0	41

各地区工业污染防治投资情况（二）
Treatment Investment for Industrial Pollution by Region（2）
（2021）

单位：个 （unit）

年份/地区	Year/Region	本年竣工项目总数 Number of Projects Completed	工业废水治理项目 Treatment of Waste Water	工业废气治理项目 Treatment of Waste Gas	脱硫治理项目 Treatment of Desulfurization	脱硝治理项目 Treatment of Denitration	工业固体废物治理项目 Treatment of Solid Wastes	噪声治理项目 Treatment of Noise Pollution	其他治理项目 Treatment of Other Pollution
	2017	**7 889**	**1 020**	**5 235**	**1 105**	**511**	**112**	**91**	**1 431**
	2018	**6 700**	**944**	**4 165**	**748**	**386**	**130**	**84**	**1 377**
	2019	**6 177**	**952**	**3 820**	**540**	**421**	**102**	**72**	**1 231**
	2020	**4 050**	**508**	**2 512**	**287**	**253**	**39**	**44**	**947**
	2021	**3 609**	**397**	**2 360**	**232**	**181**	**136**	**28**	**688**
北　京	BEIJING	25	3	19	0	1	1	1	1
天　津	TIANJIN	23	0	18	0	0	0	0	5
河　北	HEBEI	118	5	81	8	7	1	0	31
山　西	SHANXI	79	13	36	4	6	2	1	27
内蒙古	INNER MONGOLIA	102	10	51	12	10	7	0	34
辽　宁	LIAONING	111	8	69	10	5	2	1	31
吉　林	JILIN	33	3	21	3	2	1	0	8
黑龙江	HEILONGJIANG	71	5	46	11	14	6	1	13
上　海	SHANGHAI	111	16	66	0	0	2	3	24
江　苏	JIANGSU	221	25	154	0	5	4	1	37
浙　江	ZHEJIANG	448	66	246	10	13	47	5	84
安　徽	ANHUI	119	8	94	8	8	3	1	13
福　建	FUJIAN	151	12	119	11	13	5	3	12
江　西	JIANGXI	114	18	59	9	1	2	2	33
山　东	SHANDONG	417	29	334	20	19	4	2	48
河　南	HENAN	122	6	95	10	16	1	1	19
湖　北	HUBEI	117	19	86	7	8	1	0	11
湖　南	HUNAN	97	19	76	5	6	1	0	1
广　东	GUANGDONG	342	25	272	11	13	6	1	38
广　西	GUANGXI	61	7	50	6	2	2	1	1
海　南	HAINAN	31	9	16	2	2	2	0	4
重　庆	CHONGQING	43	6	28	2	2	2	0	7
四　川	SICHUAN	117	25	71	8	4	3	1	17
贵　州	GUIZHOU	79	14	27	10	6	16	1	21
云　南	YUNNAN	188	25	87	28	5	6	1	69
西　藏	TIBET	2	0	0	0	0	1	0	1
陕　西	SHAANXI	107	8	51	3	2	3	1	44
甘　肃	GANSU	36	4	21	4	0	1	0	10
青　海	QINGHAI	13	1	6	2	1	1	0	5
宁　夏	NINGXIA	34	5	20	14	1	0	0	9
新　疆	XINJIANG	77	3	41	14	9	3	0	30

各地区工业污染防治投资情况（三）
Treatment Investment for Industrial Pollution by Region（3）
（2021）

单位：万元　　　　（10 000 yuan）

年份/地区 Year/Region	施工项目本年完成投资 Investment Completed in the Treatment of Industrial Pollution This Year	工业废水治理项目 Treatment of Waste Water	工业废气治理项目 Treatment of Waste Gas	脱硫治理项目 Treatment of Desulfurization	脱硝治理项目 Treatment of Denitration	工业固体废物治理项目 Treatment of Solid Wastes	噪声治理项目 Treatment of Noise Pollution	其他治理项目 Treatment of Other Pollution
2017	**6 815 345.5**	**763 760.1**	**4 462 627.9**	**1 595 536.9**	**486 222.0**	**127 419.4**	**12 862.4**	**1 448 675.7**
2018	**6 212 735.6**	**640 082.4**	**3 931 104.2**	**1 038 503.5**	**782 762.5**	**184 249.5**	**15 181.1**	**1 442 118.6**
2019	**6 151 513.4**	**699 004.3**	**3 676 995.4**	**1 104 579.0**	**560 488.9**	**170 729.0**	**14 168.5**	**1 590 616.2**
2020	**4 542 585.9**	**573 852.1**	**2 423 724.9**	**400 178.1**	**602 771.1**	**173 064.0**	**7 404.7**	**1 364 540.2**
2021	**3 352 364.3**	**361 241.1**	**2 220 981.7**	**516 679.3**	**399 687.5**	**79 265.2**	**5 436.8**	**685 439.6**
北　京 BEIJING	6 350.1	761.9	5 272.6	0.0	24.0	210.0	84.2	21.5
天　津 TIANJIN	10 075.6	600.0	9 013.6	0.0	563.2	0.0	0.0	462.0
河　北 HEBEI	95 548.4	4 821.0	80 810.6	17 751.0	10 399.4	30.0	0.0	9 886.9
山　西 SHANXI	76 071.1	7 747.5	44 865.3	25 178.0	4 018.5	1 165.0	177.6	22 115.8
内蒙古 INNER MONGOLIA	330 854.0	26 783.4	212 010.2	92 227.0	70 047.0	11 065.2	0.0	80 995.2
辽　宁 LIAONING	120 758.8	3 572.8	94 690.6	9 965.0	50 120.8	9 655.2	35.2	12 805.0
吉　林 JILIN	39 422.6	215.8	36 792.7	8 203.0	21 699.0	65.0	0.0	2 349.1
黑龙江 HEILONGJIANG	131 055.1	6 838.9	21 268.2	5 371.6	7 347.2	1 781.0	183.0	100 984.0
上　海 SHANGHAI	110 941.6	16 141.7	77 635.0	0.0	0.0	40.0	120.2	17 004.8
江　苏 JIANGSU	98 228.6	24 098.0	63 206.5	0.0	5 249.8	5 501.0	99.7	5 323.4
浙　江 ZHEJIANG	175 538.1	31 903.3	115 652.0	42 635.3	6 852.7	10 231.1	1 406.0	16 345.8
安　徽 ANHUI	165 279.2	23 696.0	128 598.1	6 251.3	20 825.7	16.0	22.0	12 947.2
福　建 FUJIAN	120 401.1	2 194.2	93 703.6	8 687.0	22 951.2	1 228.0	1 699.4	21 575.9
江　西 JIANGXI	87 284.5	16 513.0	22 895.1	6 397.0	1 520.0	1 509.0	195.3	46 172.1
山　东 SHANDONG	376 918.0	77 620.3	250 163.6	29 445.8	4 212.6	2 459.9	40.0	46 634.2
河　南 HENAN	75 012.0	5 325.9	62 441.8	4 332.4	37 030.6	350.0	120.0	6 774.3
湖　北 HUBEI	138 490.0	12 176.6	114 745.1	2 966.0	4 010.2	2 174.0	0.0	9 394.2
湖　南 HUNAN	105 596.0	14 483.3	90 299.9	6 838.0	6 010.0	312.0	0.0	500.8
广　东 GUANGDONG	380 607.5	15 851.6	225 527.9	2 418.5	88 318.0	4 833.2	2.0	134 392.7
广　西 GUANGXI	119 599.9	3 322.9	113 169.6	104 363.3	1 084.7	34.4	22.0	3 051.0
海　南 HAINAN	11 090.9	1 603.6	4 995.3	1 975.0	1 316.0	24.5	0.0	4 467.5
重　庆 CHONGQING	20 656.9	2 545.9	16 735.2	10 250.0	237.8	115.7	0.0	1 260.1
四　川 SICHUAN	81 009.4	25 488.7	50 677.8	16 132.0	6 347.0	40.4	690.0	4 112.5
贵　州 GUIZHOU	97 800.3	10 387.5	44 888.0	25 965.9	14 130.0	16 342.3	466.2	25 716.4
云　南 YUNNAN	71 485.3	4 756.5	46 396.2	9 588.1	868.0	1 301.4	72.0	18 959.2
西　藏 TIBET	10.5	0.0	0.0	0.0	0.0	8.0	0.0	2.5
陕　西 SHAANXI	64 413.6	5 379.9	26 476.5	5 569.0	2 615.0	73.2	2.0	32 481.9
甘　肃 GANSU	53 787.2	2 058.5	46 121.8	11 421.7	0.0	4 899.0	0.0	707.9
青　海 QINGHAI	11 826.3	15.0	11 471.0	9 275.0	12.0	140.3	0.0	200.0
宁　夏 NINGXIA	65 360.3	9 967.0	40 943.5	5 719.5	135.9	62.5	0.0	14 387.3
新　疆 XINJIANG	110 891.6	4 370.6	69 514.5	47 753.1	11 741.1	3 597.8	0.0	33 408.6

各地区工业污染防治投资情况（四）
Treatment Investment for Industrial Pollution by Region（4）
（2021）

年份/地区	Year/Region	本年竣工项目新增设计处理能力 Capacity for Treatment of Industrial Pollution New-added		
		治理废水/（万吨/日） Treatment of Waste Water（10 000 tons/day）	治理废气（标态）/（万米^3/时） Treatment of Waste Gas（10 000 cu.m/hour）	治理固体废物/（万吨/日） Treatment of Solid Wastes（10 000 tons/day）
	2017	**205.8**	**89 306.9**	**5.1**
	2018	**185.1**	**61 197.8**	**3.3**
	2019	**188.3**	**49 799.8**	**55.0**
	2020	**138.1**	**29 581.3**	**8.1**
	2021	**127.4**	**35 460.4**	**4.5**
北　京	BEIJING	0.1	136.3	…
天　津	TIANJIN	…	91.5	0.0
河　北	HEBEI	0.4	2 727.7	0.0
山　西	SHANXI	1.7	1 938.7	0.1
内蒙古	INNER MONGOLIA	14.3	2 955.4	0.6
辽　宁	LIAONING	1.3	1 120.8	…
吉　林	JILIN	…	114.9	0.1
黑龙江	HEILONGJIANG	5.3	787.8	0.1
上　海	SHANGHAI	1.1	945.0	1.0
江　苏	JIANGSU	4.5	706.8	0.2
浙　江	ZHEJIANG	18.5	978.9	0.2
安　徽	ANHUI	5.6	782.9	…
福　建	FUJIAN	1.4	1 746.6	0.3
江　西	JIANGXI	8.4	722.6	0.1
山　东	SHANDONG	4.5	3 767.4	…
河　南	HENAN	1.7	857.3	0.0
湖　北	HUBEI	1.6	1 085.7	…
湖　南	HUNAN	2.4	1 425.8	…
广　东	GUANGDONG	7.9	2 718.4	0.1
广　西	GUANGXI	5.8	493.4	0.1
海　南	HAINAN	0.3	60.7	…
重　庆	CHONGQING	0.2	310.8	…
四　川	SICHUAN	16.2	1 593.9	…
贵　州	GUIZHOU	11.4	1 028.5	1.1
云　南	YUNNAN	3.6	1 316.8	0.1
西　藏	TIBET	0.0	0.0	…
陕　西	SHAANXI	1.1	766.1	0.1
甘　肃	GANSU	0.1	550.1	…
青　海	QINGHAI	…	199.3	0.0
宁　夏	NINGXIA	2.6	246.0	0.0
新　疆	XINJIANG	5.3	3 284.3	0.2

各地区农业污染排放情况（一）

Discharge of Agricultural Pollution by Region（1）

（2021）

单位：吨　　（ton）

年份/地区	Year/Region	化学需氧量排放量 Total Amount of COD Discharge	畜禽养殖业 Livestock and Poultry Breeding Industry	水产养殖业 Aquaculture Industry
	2017	**317 661**	**317 661**	—
	2018	**245 404**	**245 404**	—
	2019	**186 126**	**186 126**	—
	2020	**15 932 272**	**15 162 812**	**769 460**
	2021	**16 759 847**	**15 922 997**	**836 849**
北　京	BEIJING	12 977	12 808	169
天　津	TIANJIN	118 788	114 458	4 329
河　北	HEBEI	1 147 071	1 135 860	11 211
山　西	SHANXI	453 542	452 620	922
内蒙古	INNER MONGOLIA	642 783	642 150	633
辽　宁	LIAONING	1 020 525	1 010 303	10 222
吉　林	JILIN	630 255	627 783	2 471
黑龙江	HEILONGJIANG	697 437	688 248	9 190
上　海	SHANGHAI	8 204	4 878	3 326
江　苏	JIANGSU	733 722	563 008	170 714
浙　江	ZHEJIANG	82 370	28 389	53 981
安　徽	ANHUI	745 248	702 429	42 819
福　建	FUJIAN	186 704	168 909	17 794
江　西	JIANGXI	716 068	662 069	54 000
山　东	SHANDONG	1 043 566	1 019 224	24 342
河　南	HENAN	981 585	968 117	13 468
湖　北	HUBEI	1 140 988	1 004 692	136 296
湖　南	HUNAN	1 132 112	1 097 442	34 670
广　东	GUANGDONG	790 437	671 310	119 127
广　西	GUANGXI	489 202	443 383	45 820
海　南	HAINAN	95 761	73 953	21 808
重　庆	CHONGQING	202 542	193 741	8 801
四　川	SICHUAN	742 936	712 442	30 494
贵　州	GUIZHOU	952 179	948 176	4 003
云　南	YUNNAN	418 749	408 334	10 415
西　藏	TIBET	94 717	94 717	1
陕　西	SHAANXI	220 296	218 414	1 882
甘　肃	GANSU	559 763	559 589	174
青　海	QINGHAI	20 951	20 781	171
宁　夏	NINGXIA	213 857	212 426	1 431
新　疆	XINJIANG	464 513	462 348	2 165

注：2016—2019年，农业源统计调查范围为畜禽养殖业中的大型畜禽养殖场，2020年起，农业源统计调查范围包括种植业、畜禽养殖业和水产养殖业，畜禽养殖业统计调查范围包括规模化畜禽养殖场和规模以下养殖户，下同。

各地区农业污染排放情况（二）
Discharge of Agricultural Pollution by Region（2）
（2021）

单位：吨 （ton）

年份/地区	Year/Region	氨氮排放量 Total Amount of Ammonia Nitrogen Discharge	种植业 Crop Farming	畜禽养殖业 Livestock and Poultry Breeding Induxtry	水产养殖业 Aquaculture Industry
	2017	**6 576**	—	**6 576**	—
	2018	**4 810**	—	**4 810**	—
	2019	**3 683**	—	**3 683**	—
	2020	**253 780**	**72 742**	**153 481**	**27 557**
	2021	**268 825**	**72 649**	**165 938**	**30 239**
北　京	BEIJING	201	7	188	6
天　津	TIANJIN	1 162	42	1 015	105
河　北	HEBEI	14 310	635	13 304	371
山　西	SHANXI	5 432	266	5 130	36
内蒙古	INNER MONGOLIA	8 680	119	8 539	23
辽　宁	LIAONING	9 005	580	7 677	748
吉　林	JILIN	6 270	158	6 017	95
黑龙江	HEILONGJIANG	8 418	2 287	5 766	365
上　海	SHANGHAI	260	141	56	63
江　苏	JIANGSU	15 923	6 428	6 747	2 748
浙　江	ZHEJIANG	5 891	3 522	483	1 887
安　徽	ANHUI	15 783	5 009	9 255	1 518
福　建	FUJIAN	11 468	2 766	2 817	5 885
江　西	JIANGXI	16 664	4 679	9 491	2 493
山　东	SHANDONG	16 556	376	15 281	899
河　南	HENAN	12 522	2 193	9 843	487
湖　北	HUBEI	20 502	5 257	13 126	2 120
湖　南	HUNAN	24 472	10 752	12 064	1 657
广　东	GUANGDONG	16 219	6 234	5 899	4 086
广　西	GUANGXI	16 569	10 339	4 849	1 381
海　南	HAINAN	1 672	955	517	200
重　庆	CHONGQING	3 634	1 561	1 661	412
四　川	SICHUAN	10 702	3 094	6 292	1 317
贵　州	GUIZHOU	6 884	1 765	4 858	261
云　南	YUNNAN	6 919	2 632	3 384	902
西　藏	TIBET	430	2	428	…
陕　西	SHAANXI	2 892	553	2 277	63
甘　肃	GANSU	2 992	116	2 869	7
青　海	QINGHAI	281	5	270	5
宁　夏	NINGXIA	1 175	21	1 103	51
新　疆	XINJIANG	4 935	156	4 733	47

各地区农业污染排放情况（三）
Discharge of Agricultural Pollution by Region（3）
（2021）

单位：吨 （ton）

年份/地区	Year/Region	总氮排放量 Total Amount of Total Nitrogen Discharge	种植业 Crop Farming	畜禽养殖业 Livestock and Poultry Breeding Industry	水产养殖业 Aquaculture Industry
	2017	**22 859**	—	**22 859**	—
	2018	**17 691**	—	**17 691**	—
	2019	**13 386**	—	**13 386**	—
	2020	**1 589 380**	**623 585**	**840 287**	**125 508**
	2021	**1 684 571**	**622 793**	**924 723**	**137 055**
北　京	BEIJING	1 100	136	932	32
天　津	TIANJIN	7 123	482	5 846	795
河　北	HEBEI	78 333	7 069	69 179	2 085
山　西	SHANXI	28 505	4 058	24 300	146
内蒙古	INNER MONGOLIA	45 610	1 002	44 444	163
辽　宁	LIAONING	64 954	5 028	55 411	4 515
吉　林	JILIN	39 379	5 591	33 144	644
黑龙江	HEILONGJIANG	59 196	14 613	42 564	2 019
上　海	SHANGHAI	1 633	1 056	356	222
江　苏	JIANGSU	88 558	45 974	34 105	8 479
浙　江	ZHEJIANG	39 235	29 962	2 189	7 084
安　徽	ANHUI	93 056	48 391	39 297	5 368
福　建	FUJIAN	61 379	21 756	11 948	27 674
江　西	JIANGXI	81 491	33 715	39 929	7 847
山　东	SHANDONG	78 203	9 251	65 145	3 807
河　南	HENAN	96 328	39 405	54 954	1 968
湖　北	HUBEI	112 154	50 405	55 284	6 464
湖　南	HUNAN	121 277	51 458	64 176	5 643
广　东	GUANGDONG	114 364	50 863	39 716	23 785
广　西	GUANGXI	122 280	84 338	26 878	11 064
海　南	HAINAN	17 001	7 773	4 133	5 096
重　庆	CHONGQING	26 955	12 412	13 252	1 291
四　川	SICHUAN	82 538	31 565	46 416	4 557
贵　州	GUIZHOU	65 297	17 050	46 162	2 085
云　南	YUNNAN	71 289	39 065	29 248	2 976
西　藏	TIBET	4 692	21	4 671	…
陕　西	SHAANXI	19 795	6 654	12 695	446
甘　肃	GANSU	24 696	1 594	23 050	51
青　海	QINGHAI	1 303	75	1 189	40
宁　夏	NINGXIA	10 078	250	9 416	412
新　疆	XINJIANG	26 772	1 779	24 695	297

各地区农业污染排放情况（四）
Discharge of Agricultural Pollution by Region（4）
（2021）

单位：吨　　(ton)

年份/地区	Year/Region	总磷排放量 Total Amount of Total Phosphorus Discharge	种植业 Crop Farming	畜禽养殖业 Livestock and Poultry Breeding Induxtry	水产养殖业 Aquaculture Industry
	2017	**3 096**	—	**3 096**	—
	2018	**2 307**	—	**2 307**	—
	2019	**1 821**	—	**1 821**	—
	2020	**246 394**	**70 096**	**155 464**	**20 834**
	2021	**265 311**	**71 534**	**171 219**	**22 558**
北　京	BEIJING	131	9	118	4
天　津	TIANJIN	1 277	40	1 200	37
河　北	HEBEI	12 810	630	11 976	204
山　西	SHANXI	5 399	248	5 134	17
内蒙古	INNER MONGOLIA	3 839	140	3 678	21
辽　宁	LIAONING	12 340	416	11 418	507
吉　林	JILIN	5 390	164	5 179	47
黑龙江	HEILONGJIANG	6 296	1 512	4 686	98
上　海	SHANGHAI	238	149	55	35
江　苏	JIANGSU	14 069	4 925	7 778	1 366
浙　江	ZHEJIANG	7 538	5 937	376	1 225
安　徽	ANHUI	14 352	5 195	8 496	661
福　建	FUJIAN	10 027	2 731	2 340	4 956
江　西	JIANGXI	13 312	4 187	7 680	1 445
山　东	SHANDONG	12 373	219	11 614	539
河　南	HENAN	14 431	3 117	11 269	45
湖　北	HUBEI	18 612	6 043	12 112	457
湖　南	HUNAN	19 995	5 478	14 031	486
广　东	GUANGDONG	20 984	6 921	9 446	4 617
广　西	GUANGXI	17 734	9 671	5 535	2 529
海　南	HAINAN	3 008	939	770	1 299
重　庆	CHONGQING	3 858	1 451	2 296	111
四　川	SICHUAN	12 246	3 951	7 797	498
贵　州	GUIZHOU	12 893	3 190	9 251	452
云　南	YUNNAN	8 090	3 340	4 067	684
西　藏	TIBET	592	2	590	…
陕　西	SHAANXI	3 067	748	2 278	41
甘　肃	GANSU	4 421	113	4 300	8
青　海	QINGHAI	207	5	196	7
宁　夏	NINGXIA	1 778	20	1 643	115
新　疆	XINJIANG	4 004	44	3 912	48

各地区生活污染排放情况（一）
Discharge and Treatment of Household Pollution by Region（1）
（2021）

单位：吨　　(ton)

年份/地区	Year/Region	化学需氧量排放量 Amount of Household COD Discharged	城镇 Urban Area	农村 Rural Area	氨氮排放量 Amount of Household Ammonia Nitrogen Discharged	城镇 Urban Area	农村 Rural Area
	2017	**4 838 155**	**4 838 155**	—	**454 119**	**454 119**	—
	2018	**4 768 014**	**4 768 014**	—	**447 187**	**447 187**	—
	2019	**4 699 493**	**4 699 493**	—	**421 390**	**421 390**	—
	2020	**9 188 875**	**5 342 209**	**3 846 667**	**706 572**	**501 715**	**204 857**
	2021	**8 117 563**	**4 510 305**	**3 607 258**	**580 370**	**386 885**	**193 485**
北　京	BEIJING	34 302	8 751	25 550	1 965	184	1 781
天　津	TIANJIN	33 625	17 192	16 432	1 235	339	897
河　北	HEBEI	374 171	200 848	173 323	22 071	17 578	4 493
山　西	SHANXI	158 053	79 430	78 623	8 431	7 217	1 215
内蒙古	INNER MONGOLIA	118 108	69 160	48 948	6 825	6 053	772
辽　宁	LIAONING	167 062	75 131	91 931	6 587	4 745	1 841
吉　林	JILIN	125 740	41 386	84 355	4 708	3 068	1 639
黑龙江	HEILONGJIANG	146 767	65 238	81 529	5 731	4 551	1 180
上　海	SHANGHAI	58 179	38 541	19 638	2 492	1 022	1 470
江　苏	JIANGSU	398 054	280 680	117 373	25 219	16 348	8 871
浙　江	ZHEJIANG	372 473	220 814	151 659	28 436	17 237	11 200
安　徽	ANHUI	440 372	264 675	175 697	26 741	17 504	9 238
福　建	FUJIAN	351 308	268 187	83 121	26 047	18 119	7 927
江　西	JIANGXI	360 533	218 816	141 718	28 930	17 233	11 697
山　东	SHANDONG	477 179	178 108	299 071	28 502	14 060	14 442
河　南	HENAN	521 462	254 573	266 888	30 016	22 760	7 256
湖　北	HUBEI	412 899	268 219	144 680	33 713	23 145	10 569
湖　南	HUNAN	372 419	164 314	208 105	32 365	16 960	15 406
广　东	GUANGDONG	749 338	508 585	240 753	59 379	34 644	24 735
广　西	GUANGXI	455 497	230 551	224 946	36 050	15 652	20 397
海　南	HAINAN	71 984	44 132	27 851	4 826	2 212	2 614
重　庆	CHONGQING	126 684	33 846	92 838	15 498	11 054	4 444
四　川	SICHUAN	597 309	365 021	232 288	52 876	41 028	11 848
贵　州	GUIZHOU	226 861	111 400	115 461	18 285	13 112	5 174
云　南	YUNNAN	266 224	109 887	156 338	18 778	13 644	5 134
西　藏	TIBET	42 231	27 467	14 764	3 619	3 412	207
陕　西	SHAANXI	279 747	171 322	108 424	23 884	20 413	3 472
甘　肃	GANSU	98 324	28 706	69 618	2 832	2 038	794
青　海	QINGHAI	56 678	41 680	14 998	5 211	5 027	184
宁　夏	NINGXIA	28 497	12 429	16 068	1 265	889	376
新　疆	XINJIANG	195 484	111 215	84 269	17 851	15 638	2 213

各地区生活污染排放情况（二）
Discharge and Treatment of Household Pollution by Region（2）
（2021）

单位：吨 （ton）

年份/地区	Year/Region	总氮排放量 Amount of Household Total Nitrogen Discharged	城镇 Urban Area	农村 Rural Area	总磷排放量 Amount of Household Total Phosphorus Discharged	城镇 Urban Area	农村 Rural Area
	2017	**4 838 155**	**4 838 155**	—	**454 119**	**454 119**	—
	2018	**4 768 014**	**4 768 014**	—	**447 187**	**447 187**	—
	2019	**4 699 493**	**4 699 493**	—	**421 390**	**421 390**	—
	2020	**1 515 627**	**1 143 439**	**372 188**	**86 540**	**56 259**	**30 281**
	2021	**1 380 201**	**1 026 298**	**353 902**	**69 668**	**40 919**	**28 749**
北　京	BEIJING	7 744	5 080	2 664	232	85	147
天　津	TIANJIN	9 134	7 721	1 413	257	166	91
河　北	HEBEI	51 280	42 891	8 389	1 653	908	744
山　西	SHANXI	23 982	21 410	2 573	971	658	313
内蒙古	INNER MONGOLIA	13 788	11 676	2 112	373	143	230
辽　宁	LIAONING	32 695	28 028	4 667	1 191	742	449
吉　林	JILIN	18 751	14 553	4 197	833	425	408
黑龙江	HEILONGJIANG	21 540	18 067	3 473	902	514	388
上　海	SHANGHAI	21 810	19 040	2 770	471	290	181
江　苏	JIANGSU	74 504	58 063	16 441	2 923	1 717	1 206
浙　江	ZHEJIANG	76 788	56 909	19 878	2 294	964	1 330
安　徽	ANHUI	59 292	42 828	16 463	4 023	2 513	1 510
福　建	FUJIAN	51 186	38 761	12 425	3 187	2 309	877
江　西	JIANGXI	52 868	34 746	18 122	3 618	2 275	1 343
山　东	SHANDONG	74 080	50 692	23 388	2 122	665	1 457
河　南	HENAN	75 070	61 930	13 140	3 385	2 236	1 149
湖　北	HUBEI	80 302	59 240	21 062	6 063	4 230	1 833
湖　南	HUNAN	71 069	41 003	30 066	4 755	2 280	2 475
广　东	GUANGDONG	164 696	121 405	43 291	8 287	4 697	3 590
广　西	GUANGXI	69 675	33 505	36 170	5 460	2 607	2 853
海　南	HAINAN	11 707	6 745	4 963	724	349	375
重　庆	CHONGQING	29 707	21 166	8 541	1 009	322	687
四　川	SICHUAN	104 690	81 283	23 407	5 747	3 843	1 904
贵　州	GUIZHOU	36 036	25 807	10 230	2 350	1 510	840
云　南	YUNNAN	38 562	28 070	10 492	2 249	1 270	979
西　藏	TIBET	5 395	4 811	584	462	388	74
陕　西	SHAANXI	50 176	44 106	6 071	1 919	1 347	572
甘　肃	GANSU	9 468	7 631	1 837	481	257	225
青　海	QINGHAI	8 895	8 494	400	291	244	47
宁　夏	NINGXIA	3 956	3 228	728	177	106	71
新　疆	XINJIANG	31 355	27 410	3 945	1 261	861	400

各地区生活污染排放情况（三）
Discharge and Treatment of Household Pollution by Region（3）
（2021）

单位：吨 （ton）

年份/地区 Year/Region	二氧化硫排放量 Amount of Household Sulphur Dioxide Emission	氮氧化物排放量 Amount of Household Nitrogen Oxide Emission	颗粒物排放量 Amount of Household Soot Emission	挥发性有机物排放量 Amount of Household Volatile Organic Compounds Emission
2017	**805 186**	**591 756**	**2 061 452**	—
2018	**687 238**	**531 415**	**1 731 412**	—
2019	**612 998**	**497 424**	**1 549 001**	—
2020	**648 061**	**333 806**	**2 016 198**	**1 825 455**
2021	**648 616**	**358 851**	**2 051 754**	**1 819 590**
北　京 BEIJING	415	8 333	2 800	26 382
天　津 TIANJIN	345	3 697	3 743	16 455
河　北 HEBEI	43 067	38 065	216 622	112 949
山　西 SHANXI	43 096	16 192	108 132	53 385
内蒙古 INNER MONGOLIA	67 665	39 962	338 569	77 380
辽　宁 LIAONING	61 090	20 913	153 098	71 655
吉　林 JILIN	18 576	9 416	74 416	38 495
黑龙江 HEILONGJIANG	52 506	30 191	262 646	74 007
上　海 SHANGHAI	220	4 765	1 301	27 646
江　苏 JIANGSU	4 122	8 357	17 076	101 428
浙　江 ZHEJIANG	906	2 739	2 811	78 481
安　徽 ANHUI	3 711	12 264	37 819	67 999
福　建 FUJIAN	8 215	2 730	16 514	42 513
江　西 JIANGXI	16 047	5 405	32 263	53 168
山　东 SHANDONG	40 168	19 073	107 774	127 723
河　南 HENAN	6 325	6 602	11 985	103 639
湖　北 HUBEI	40 419	13 107	81 221	75 825
湖　南 HUNAN	34 222	12 230	85 811	84 321
广　东 GUANGDONG	15 479	10 712	44 754	130 931
广　西 GUANGXI	4 863	1 980	9 809	48 621
海　南 HAINAN	…	714	66	9 529
重　庆 CHONGQING	8 856	6 530	10 910	36 694
四　川 SICHUAN	30 208	21 365	47 952	99 741
贵　州 GUIZHOU	32 212	4 711	35 862	44 028
云　南 YUNNAN	55 996	11 720	93 459	61 743
西　藏 TIBET	1 094	241	1 689	4 185
陕　西 SHAANXI	25 279	14 990	72 864	56 393
甘　肃 GANSU	18 188	10 534	72 981	35 888
青　海 QINGHAI	1 467	5 282	14 990	8 958
宁　夏 NINGXIA	657	1 806	3 412	8 280
新　疆 XINJIANG	13 200	14 224	88 404	41 149

各地区污水处理情况（一）
Waste Water Treatment by Region（1）
（2021）

年份/地区	Year/Region	污水处理厂数量/家 Number of Urban Waste Water Treatment Plants（unit）	污水处理厂设计处理能力/（万吨/日）Treatment Capacity（10 000 tons/day）	本年运行费用/万元 Annul Expenditure for Operation（10 000 yuan）	污水处理厂累计完成投资/万元 Total Investment of Urban Waste Water Treatment（10 000 yuan）	新增固定资产/万元 Newly-added Fixed Assets（10 000 yuan）
	2017	**7 536**	**22 011**	**6 444 629.1**	**61 193 859.1**	**3 710 390.2**
	2018	**8 200**	**23 537**	**7 395 963.1**	**68 616 383.3**	**4 056 059.6**
	2019	**9 322**	**25 450**	**8 794 063.0**	**79 279 534.2**	**5 143 441.4**
	2020	**11 055**	**27 270**	**10 010 003.6**	**95 680 788.0**	**5 448 064.7**
	2021	**12 586**	**29 730**	**11 242 024.5**	**111 670 578.0**	**4 878 726.5**
北　京	BEIJING	312	799	400 571.6	4 298 396.9	105 157.7
天　津	TIANJIN	149	447	243 315.9	2 481 724.5	53 149.2
河　北	HEBEI	419	1 335	566 743.8	5 141 613.1	274 783.0
山　西	SHANXI	256	534	249 874.4	2 335 474.8	106 205.7
内蒙古	INNER MONGOLIA	196	502	244 292.6	2 783 426.1	64 228.2
辽　宁	LIAONING	315	1 153	416 582.6	2 999 193.3	62 000.6
吉　林	JILIN	135	541	189 569.3	2 297 817.0	104 893.6
黑龙江	HEILONGJIANG	213	555	183 102.5	1 929 583.6	126 739.6
上　海	SHANGHAI	46	851	351 884.5	4 472 880.7	246 587.1
江　苏	JIANGSU	861	2 249	950 985.5	8 538 617.5	364 236.5
浙　江	ZHEJIANG	486	1 848	859 825.8	6 690 706.5	259 008.8
安　徽	ANHUI	635	1 186	329 268.1	3 838 754.0	109 358.5
福　建	FUJIAN	282	824	281 643.7	2 245 799.3	126 845.4
江　西	JIANGXI	392	693	231 354.4	2 260 465.5	112 232.6
山　东	SHANDONG	679	2 294	970 423.7	6 858 680.2	423 584.6
河　南	HENAN	402	1 708	496 375.2	5 119 095.5	100 374.9
湖　北	HUBEI	763	1 302	410 916.2	5 324 108.3	108 630.3
湖　南	HUNAN	395	1 137	352 515.2	4 402 228.1	360 787.7
广　东	GUANGDONG	1 028	3 878	1 228 969.9	11 990 628.8	580 555.5
广　西	GUANGXI	414	762	251 267.3	2 544 380.3	69 772.9
海　南	HAINAN	83	173	59 788.1	699 994.6	11 879.6
重　庆	CHONGQING	826	610	321 627.6	2 582 271.3	108 210.2
四　川	SICHUAN	1 798	1 407	607 885.5	6 426 237.5	334 010.9
贵　州	GUIZHOU	461	533	174 744.3	2 745 500.1	38 607.8
云　南	YUNNAN	240	513	149 541.3	2 125 511.6	94 535.2
西　藏	TIBET	23	34	13 947.4	182 942.7	775.7
陕　西	SHAANXI	257	713	262 375.9	3 073 188.4	231 406.8
甘　肃	GANSU	166	315	120 659.3	1 565 016.6	118 165.0
青　海	QINGHAI	66	89	37 174.8	507 357.0	22 763.2
宁　夏	NINGXIA	88	226	92 996.1	980 477.8	35 588.8
新　疆	XINJIANG	200	515	191 802.1	2 228 506.4	123 651.0

各地区污水处理情况（二）
Waste Water Treatment by Region（2）
（2021）

单位：万吨　　　　（10 000 tons）

年份/地区	Year/Region	污水实际处理量 Quantity of Waste Water Treated	再生水利用量 Waste Water Recycled	工业用水量 Waste Water Recycled for Industry	市政用水量 Waste Water Recycled for Municipal Services	景观用水量 Waste Water Recycled for Landscape
	2017	**6 271 983**	**498 328**	**155 737**	**51 310**	**291 280**
	2018	**6 798 241**	**584 802**	**165 928**	**42 579**	**376 295**
	2019	**7 426 829**	**656 502**	**174 834**	**54 346**	**427 322**
	2020	**8 112 695**	**847 055**	**201 522**	**64 632**	**580 900**
	2021	**8 620 660**	**955 570**	**219 969**	**71 473**	**664 127**
北　京	BEIJING	233 516	163 871	7 372	4 632	151 867
天　津	TIANJIN	134 481	8 752	6 070	1 064	1 618
河　北	HEBEI	330 133	72 117	26 615	6 307	39 195
山　西	SHANXI	150 655	25 149	13 267	2 865	9 016
内蒙古	INNER MONGOLIA	120 974	43 760	26 475	5 813	11 472
辽　宁	LIAONING	346 859	36 662	10 864	1 872	23 927
吉　林	JILIN	155 865	4 229	2 384	228	1 617
黑龙江	HEILONGJIANG	150 998	3 328	3 302	1	24
上　海	SHANGHAI	306 943	682	451	0	231
江　苏	JIANGSU	645 641	81 361	19 161	14 314	47 887
浙　江	ZHEJIANG	557 256	35 675	11 771	695	23 209
安　徽	ANHUI	349 729	32 860	5 897	1 942	25 021
福　建	FUJIAN	233 540	25 197	234	269	24 694
江　西	JIANGXI	187 774	668	488	6	174
山　东	SHANDONG	663 610	121 838	22 618	10 400	88 820
河　南	HENAN	509 111	69 616	30 430	3 934	35 252
湖　北	HUBEI	383 944	11 778	1 801	937	9 040
湖　南	HUNAN	348 193	12 329	199	234	11 896
广　东	GUANGDONG	1 164 101	114 556	9 401	3 395	101 761
广　西	GUANGXI	209 836	7 617	845	51	6 721
海　南	HAINAN	49 848	3 513	111	718	2 684
重　庆	CHONGQING	185 101	2 296	1 696	132	468
四　川	SICHUAN	403 596	3 178	1 072	606	1 500
贵　州	GUIZHOU	154 721	9 857	119	99	9 638
云　南	YUNNAN	160 785	4 271	766	2 814	691
西　藏	TIBET	9 710	659	0	22	637
陕　西	SHAANXI	207 394	10 718	1 836	419	8 463
甘　肃	GANSU	73 987	13 392	6 461	2 021	4 909
青　海	QINGHAI	25 966	3 619	955	70	2 595
宁　夏	NINGXIA	44 910	6 356	3 130	746	2 481
新　疆	XINJIANG	121 485	25 664	4 177	4 865	16 621

各地区污水处理情况（三）
Waste Water Treatment by Region（3）
（2021）

单位：万吨 （10 000 tons）

年份/地区	Year/Region	污泥产生量 Quantity of Sludge Generated	污泥处置量 Quantity of Sludge Disposed	土地利用量 Landuse	填埋处置量 Landfill	建筑材料利用量 As Building Material	焚烧处置量 Incineration	污泥倾倒丢弃量 Quantity of Sludge Discharged
	2017	**1 507.4**	**1 505.9**	**357.6**	**473.1**	**259.7**	**415.4**	**1.5**
	2018	**1 376.7**	**1 376.4**	**346.3**	**383.0**	**246.1**	**401.0**	**0.3**
	2019	**1 457.6**	**1 457.5**	**374.3**	**373.8**	**232.2**	**477.1**	**0.1**
	2020	**3 698.4**	**3 697.5**	**1 083.1**	**810.2**	**617.1**	**1 187.0**	**0.9**
	2021	**4 592.1**	**4 592.1**	**1 262.3**	**696.8**	**876.2**	**1 756.7**	**…**
北　京	BEIJING	156.5	156.5	125.3	0.0	6.3	24.9	0.0
天　津	TIANJIN	71.4	71.4	54.5	0.4	5.3	11.2	0.0
河　北	HEBEI	177.3	177.3	65.8	40.1	17.9	53.6	0.0
山　西	SHANXI	135.6	135.6	19.8	33.1	40.0	42.6	…
内蒙古	INNER MONGOLIA	105.2	105.2	33.5	55.1	3.3	13.3	0.0
辽　宁	LIAONING	158.1	158.1	61.6	40.6	43.3	12.4	…
吉　林	JILIN	78.4	78.4	53.3	10.6	3.7	10.8	0.0
黑龙江	HEILONGJIANG	91.6	91.6	43.1	45.6	0.4	2.5	0.0
上　海	SHANGHAI	122.0	122.0	0.1	6.2	0.0	115.7	0.0
江　苏	JIANGSU	424.7	424.7	43.8	17.1	56.6	307.3	0.0
浙　江	ZHEJIANG	412.6	412.6	32.1	3.5	36.0	341.0	0.0
安　徽	ANHUI	135.2	135.2	32.7	7.8	47.2	47.5	0.0
福　建	FUJIAN	111.1	111.1	39.0	7.9	25.8	38.4	0.0
江　西	JIANGXI	73.0	73.0	14.1	27.9	9.2	21.8	0.0
山　东	SHANDONG	474.2	474.2	134.3	27.1	133.3	179.5	0.0
河　南	HENAN	261.8	261.8	126.1	61.7	26.9	47.1	0.0
湖　北	HUBEI	137.4	137.4	48.4	16.8	47.2	25.0	0.0
湖　南	HUNAN	114.9	114.9	11.6	45.1	35.2	23.0	0.0
广　东	GUANGDONG	518.3	518.3	91.4	7.6	162.9	256.4	0.0
广　西	GUANGXI	70.9	70.9	34.0	6.6	13.7	16.6	0.0
海　南	HAINAN	22.9	22.9	12.7	0.2	0.4	9.6	0.0
重　庆	CHONGQING	120.4	120.4	28.5	6.5	78.4	6.9	0.0
四　川	SICHUAN	212.1	212.1	69.7	20.1	27.0	95.3	0.0
贵　州	GUIZHOU	59.8	59.8	4.5	11.6	23.3	20.4	0.0
云　南	YUNNAN	58.8	58.8	16.5	23.1	16.6	2.6	0.0
西　藏	TIBET	2.0	2.0	1.7	0.3	0.0	0.0	0.0
陕　西	SHAANXI	109.9	109.9	37.1	40.7	13.0	19.1	0.0
甘　肃	GANSU	67.5	67.5	5.5	56.1	0.6	5.2	0.0
青　海	QINGHAI	15.9	15.9	0.0	13.6	2.2	0.1	0.0
宁　夏	NINGXIA	37.1	37.1	11.5	20.6	0.4	4.7	0.0
新　疆	XINJIANG	52.3	52.3	9.9	40.3	0.2	1.8	0.0

各地区污水处理情况（四）
Waste Water Treatment by Region（4）
（2021）

单位：吨　　　　(ton)

年份/地区	Year/Region	污染物去除量 Quantity of Pollutants Removed by Urban Waste Water Treatment			
		化学需氧量 COD	氨氮 Ammonia Nitrogen	总氮 Total Nitrogen	总磷 Total Phosphorus
	2017	**15 400 133.7**	**1 439 775.0**	**1 569 371.2**	**195 444.6**
	2018	**16 562 091.4**	**1 565 448.3**	**1 730 897.1**	**226 403.6**
	2019	**21 294 936.2**	**1 831 219.9**	**2 358 847.1**	**258 519.4**
	2020	**17 796 766.8**	**1 852 949.1**	**2 051 512.5**	**272 619.4**
	2021	**19 551 791.9**	**2 011 730.8**	**2 255 442.3**	**303 755.3**
北　京	BEIJING	687 558	77 270	98 923	11 498
天　津	TIANJIN	371 398	40 224	50 521	6 169
河　北	HEBEI	870 904	101 280	124 793	14 062
山　西	SHANXI	453 329	54 583	61 663	6 497
内蒙古	INNER MONGOLIA	453 057	50 987	69 615	7 703
辽　宁	LIAONING	696 994	73 521	86 487	11 264
吉　林	JILIN	377 582	34 790	36 313	5 526
黑龙江	HEILONGJIANG	384 783	40 729	44 303	6 766
上　海	SHANGHAI	908 848	82 469	76 000	10 630
江　苏	JIANGSU	1 554 123	144 113	157 452	21 248
浙　江	ZHEJIANG	1 424 805	119 396	124 215	24 724
安　徽	ANHUI	575 833	70 491	75 283	9 561
福　建	FUJIAN	497 069	51 268	57 760	8 246
江　西	JIANGXI	232 831	26 555	24 544	3 698
山　东	SHANDONG	1 831 706	184 683	231 887	27 696
河　南	HENAN	1 122 573	133 926	157 031	16 944
湖　北	HUBEI	587 407	60 535	56 766	8 143
湖　南	HUNAN	533 488	47 674	51 823	8 198
广　东	GUANGDONG	2 240 813	222 497	230 228	37 330
广　西	GUANGXI	287 969	36 935	38 522	5 286
海　南	HAINAN	73 114	9 839	11 142	1 451
重　庆	CHONGQING	427 120	40 805	46 545	7 316
四　川	SICHUAN	812 838	95 943	100 840	12 521
贵　州	GUIZHOU	255 663	23 576	24 423	3 660
云　南	YUNNAN	325 627	33 049	33 598	5 556
西　藏	TIBET	8 867	868	861	101
陕　西	SHAANXI	611 998	62 309	67 462	8 823
甘　肃	GANSU	326 705	29 732	41 942	3 886
青　海	QINGHAI	74 243	7 965	8 657	1 480
宁　夏	NINGXIA	138 533	13 722	19 157	2 525
新　疆	XINJIANG	404 014	39 995	46 687	5 249

各地区生活垃圾处理场（厂）情况
Centralized Treatment of Garbage by Region
（2021）

年份/地区	Year/Region	生活垃圾处理场（厂）数量/家 Number of Garbage Treatment Plants（unit）	（单独）餐厨垃圾集中处理厂/家（Single）Centralized Food Waste Treatment Plant（unit）	本年运行费用/万元 Annul Expenditure for Operation（10 000 yuan）	新增固定资产/万元 Newly-added Fixed Assets（10 000 yuan）
	2017	**2 323**	—	**961 074.7**	**1 542 589.7**
	2018	**2 381**	—	**1 084 593.8**	**1 194 827.0**
	2019	**2 438**	—	**1 296 588.2**	**1 650 951.7**
	2020	**2 234**	**43**	**2 370 688.0**	**1 126 116.4**
	2021	**2 246**	**72**	**1 831 456.2**	**731 025.8**
北　京	BEIJING	22	5	91 813.5	6 940.0
天　津	TIANJIN	6	1	20 320.6	14 207.5
河　北	HEBEI	114	2	49 805.4	27 270.3
山　西	SHANXI	87	2	36 509.0	3 819.5
内蒙古	INNER MONGOLIA	118	0	45 641.4	13 473.6
辽　宁	LIAONING	66	0	53 315.2	26 210.1
吉　林	JILIN	43	1	59 340.8	10 139.1
黑龙江	HEILONGJIANG	80	4	43 799.5	8 753.9
上　海	SHANGHAI	8	4	41 263.3	10 812.6
江　苏	JIANGSU	51	6	114 121.0	31 203.1
浙　江	ZHEJIANG	77	11	183 643.8	100 336.8
安　徽	ANHUI	47	4	56 812.2	3 077.2
福　建	FUJIAN	51	2	52 887.8	50 901.2
江　西	JIANGXI	63	2	45 058.8	20 413.1
山　东	SHANDONG	50	3	56 002.0	5 309.7
河　南	HENAN	106	0	54 844.3	17 759.0
湖　北	HUBEI	124	2	75 525.8	10 322.2
湖　南	HUNAN	95	2	106 459.2	38 970.8
广　东	GUANGDONG	99	5	251 531.6	178 318.7
广　西	GUANGXI	81	0	63 697.8	15 056.2
海　南	HAINAN	15	0	9 654.7	2 145.9
重　庆	CHONGQING	42	3	28 090.6	3 295.9
四　川	SICHUAN	129	6	81 910.2	31 568.2
贵　州	GUIZHOU	73	1	43 579.8	15 886.1
云　南	YUNNAN	114	1	51 209.4	17 458.0
西　藏	TIBET	78	0	7 895.0	1 019.6
陕　西	SHAANXI	97	1	44 282.0	34 150.7
甘　肃	GANSU	116	1	18 339.7	8 232.9
青　海	QINGHAI	61	0	7 460.8	3 070.1
宁　夏	NINGXIA	31	1	4 213.4	5 956.4
新　疆	XINJIANG	102	2	32 427.3	14 947.3

注：2020年起，生活垃圾处理场（厂）不包括垃圾焚烧发电厂和水泥窑协同处置垃圾的企业，下同。

各地区生活垃圾处理场（厂）污染排放情况（一）
Discharge of Garbage Treatment Plants Pollution by Region（1）
（2021）

单位：吨 （ton）

年份/地区	Year/Region	渗滤液中污染物排放量 Amount of Pollutants Discharged in the Landfill Leachate				
		化学需氧量 COD	氨氮 Ammonia Nitrogen	总氮 Total Nitrogen	总磷 Total Phosphorus	重金属 Heavy Mental
	2017	**22 830**	**3 440**	**5 368**	**106**	**6**
	2018	**14 402**	**2 471**	**3 886**	**71**	**3**
	2019	**13 720**	**2 517**	**4 386**	**93**	**3**
	2020	**28 486**	**2 413**	**3 914**	**99**	**5**
	2021	**8 802**	**1 175**	**1 952**	**48**	**5**
北　京	BEIJING	12	…	5	…	…
天　津	TIANJIN	29	6	11	1	…
河　北	HEBEI	51	6	50	…	…
山　西	SHANXI	28	6	9	…	…
内蒙古	INNER MONGOLIA	90	12	19	1	…
辽　宁	LIAONING	161	29	46	1	…
吉　林	JILIN	300	54	81	1	…
黑龙江	HEILONGJIANG	209	31	47	2	…
上　海	SHANGHAI	48	2	21	…	…
江　苏	JIANGSU	73	7	84	1	…
浙　江	ZHEJIANG	162	9	67	2	…
安　徽	ANHUI	138	20	70	2	…
福　建	FUJIAN	121	11	41	1	…
江　西	JIANGXI	303	73	109	3	…
山　东	SHANDONG	69	4	11	…	…
河　南	HENAN	162	30	58	2	…
湖　北	HUBEI	120	22	37	1	2
湖　南	HUNAN	199	37	64	2	…
广　东	GUANGDONG	3 571	195	272	11	…
广　西	GUANGXI	602	139	178	3	…
海　南	HAINAN	33	6	14	1	…
重　庆	CHONGQING	64	7	29	2	…
四　川	SICHUAN	344	64	105	3	…
贵　州	GUIZHOU	583	136	176	3	…
云　南	YUNNAN	587	123	155	3	1
西　藏	TIBET	71	15	19	…	…
陕　西	SHAANXI	268	49	64	2	…
甘　肃	GANSU	301	65	84	1	…
青　海	QINGHAI	47	7	9	…	…
宁　夏	NINGXIA	43	9	12	…	…
新　疆	XINJIANG	14	2	3	…	…

各地区生活垃圾处理场（厂）污染排放情况（二）

Discharge of Garbage Treatment Plants Pollution by Region（2）

（2021）

单位：吨 （ton）

年份/地区	Year/Region	废气中污染物排放量 Amount of Pollutants Discharged in the Waste Gas		
		二氧化硫 Sulphur Dioxide	氮氧化物 Nitrogen Oxide	颗粒物 Particulate Matter
	2017	**1 513**	**6 789**	**2 256**
	2018	**1 272**	**6 348**	**672**
	2019	**1 240**	**6 879**	**418**
	2020	**1 582**	**13 690**	**473**
	2021	**1 528**	**8 965**	**379**
北　京	BEIJING	…	…	…
天　津	TIANJIN	…	3	…
河　北	HEBEI	148	810	131
山　西	SHANXI	48	256	5
内蒙古	INNER MONGOLIA	25	257	4
辽　宁	LIAONING	149	888	10
吉　林	JILIN	51	325	5
黑龙江	HEILONGJIANG	8	48	2
上　海	SHANGHAI	0	0	0
江　苏	JIANGSU	281	1 709	51
浙　江	ZHEJIANG	90	106	8
安　徽	ANHUI	71	221	7
福　建	FUJIAN	136	462	42
江　西	JIANGXI	…	…	…
山　东	SHANDONG	0	0	0
河　南	HENAN	1	1	2
湖　北	HUBEI	…	…	…
湖　南	HUNAN	150	917	5
广　东	GUANGDONG	77	721	19
广　西	GUANGXI	97	702	50
海　南	HAINAN	0	0	0
重　庆	CHONGQING	0	…	…
四　川	SICHUAN	15	18	2
贵　州	GUIZHOU	106	782	19
云　南	YUNNAN	23	88	3
西　藏	TIBET	0	0	0
陕　西	SHAANXI	49	504	12
甘　肃	GANSU	0	0	0
青　海	QINGHAI	…	…	…
宁　夏	NINGXIA	0	0	0
新　疆	XINJIANG	3	145	2

各地区危险废物（医疗废物）集中处理情况（一）

Centralized Treatment of Hazardous Wastes（Medical Wastes）by Region（1）

（2021）

年份/地区	Year/ Region	危险废物集中处理厂数量/家 Number of Centralized Hazardous Wastes Treatment Plants（unit）	（单独）医疗废物集中处置厂数量/家 Number of Centralized Medical Wastes Treatment Plants（unit）	协同处置企业数量/家 Number of Co-processingfirms（unit）	本年运行费用/万元 Annul Expenditure for Operation（10 000 yuan）	累计完成投资/万元 Total Investment of Hazardous/ Medical Wastes Treatment Plants（10 000 yuan）	新增固定资产/万元 Newly-added Fixed Assets（10 000 yuan）
	2017	**1 203**	**302**	**89**	**2 231 390.1**	**9 242 656.4**	**695 144.9**
	2018	**1 229**	**310**	**79**	**2 447 740.0**	**9 198 260.8**	**771 827.7**
	2019	**1 325**	**338**	**97**	**5 944 468.6**	**11 692 840.1**	**1 245 383.2**
	2020	**1 380**	**371**	**144**	**3 521 471.6**	**14 735 148.2**	**1 472 053.6**
	2021	**1 528**	**389**	**156**	**3 958 267.4**	**17 572 600.5**	**2 131 980.2**
北　京	BEIJING	12	2	2	80 137.4	121 602.4	2 431.2
天　津	TIANJIN	23	1	5	64 777.8	277 843.7	44 518.8
河　北	HEBEI	45	20	8	96 545.3	643 302.0	30 729.3
山　西	SHANXI	12	15	4	38 903.2	121 223.6	10 701.0
内蒙古	INNER MONGOLIA	25	17	2	71 450.4	190 976.9	19 899.4
辽　宁	LIAONING	37	13	5	89 304.8	335 142.1	50 431.0
吉　林	JILIN	38	10	8	40 658.9	237 838.6	20 672.4
黑龙江	HEILONGJIANG	42	16	1	44 435.4	261 355.0	78 204.5
上　海	SHANGHAI	33	0	0	158 600.5	547 536.2	53 833.4
江　苏	JIANGSU	319	5	10	641 967.3	2 566 083.6	296 189.2
浙　江	ZHEJIANG	159	6	10	426 626.8	1 405 457.9	263 317.2
安　徽	ANHUI	28	11	9	71 363.3	419 843.3	100 027.7
福　建	FUJIAN	46	6	4	91 483.2	633 844.5	49 688.9
江　西	JIANGXI	72	8	6	198 003.3	1 343 522.8	103 303.8
山　东	SHANDONG	151	12	15	442 451.2	2 250 505.0	249 254.9
河　南	HENAN	32	28	5	60 654.0	282 875.1	34 325.9
湖　北	HUBEI	67	15	5	128 749.9	959 018.0	151 435.6
湖　南	HUNAN	12	9	5	46 102.0	168 721.1	19 786.8
广　东	GUANGDONG	106	22	6	489 038.2	1 533 522.6	258 197.9
广　西	GUANGXI	24	12	7	44 399.8	260 684.4	27 387.6
海　南	HAINAN	7	0	3	3 697.4	28 648.0	3 242.0
重　庆	CHONGQING	23	15	3	62 198.9	257 819.1	13 135.1
四　川	SICHUAN	46	37	6	179 265.9	687 454.0	103 740.6
贵　州	GUIZHOU	14	31	4	23 388.9	145 156.0	8 263.8
云　南	YUNNAN	11	16	3	34 880.7	118 419.6	6 792.2
西　藏	TIBET	2	6	0	3 249.0	14 127.6	193.2
陕　西	SHAANXI	42	10	11	107 467.6	480 004.5	18 341.9
甘　肃	GANSU	28	15	1	41 123.0	324 116.5	39 212.8
青　海	QINGHAI	12	7	3	21 702.2	169 467.0	6 803.7
宁　夏	NINGXIA	20	4	1	22 148.6	171 797.6	19 638.2
新　疆	XINJIANG	40	20	4	133 492.7	614 691.9	48 280.2

各地区危险废物（医疗废物）集中处理情况（二）
Centralized Treatment of Hazardous Wastes（Medical Wastes）by Region（2）
（2021）

单位：吨　　（ton）

年份/地区	Year/Region	工业危险废物处置量 Industrial Hazardous Wastes	医疗废物处置量 Medical Hazardous Wastes	其他危险废物处置量 Other Hazardous Wastes	危险废物综合利用量 Volume of Hazardous Wastes Utilized
	2017	**7 732 580**	**953 009**	**439 989**	**13 907 946**
	2018	**9 231 796**	**1 036 704**	**740 182**	**14 261 914**
	2019	**12 937 446**	**1 165 876**	**870 718**	**18 466 062**
	2020	**9 950 381**	**1 061 155**	**1 388 681**	**18 529 720**
	2021	**12 695 241**	**1 532 565**	**1 520 540**	**20 184 649**
北　京	BEIJING	133 128	63 545	0	45 729
天　津	TIANJIN	354 807	20 465	36	372 090
河　北	HEBEI	422 906	64 821	2 656	223 791
山　西	SHANXI	91 364	29 038	201	112 102
内蒙古	INNER MONGOLIA	397 484	20 144	333	216 590
辽　宁	LIAONING	347 886	45 198	14 348	255 693
吉　林	JILIN	100 629	26 033	23 335	331 782
黑龙江	HEILONGJIANG	45 585	37 819	84 586	394 456
上　海	SHANGHAI	360 800	81 397	229 624	93 151
江　苏	JIANGSU	2 203 473	105 719	145 126	3 634 551
浙　江	ZHEJIANG	982 004	105 395	164 066	2 763 814
安　徽	ANHUI	316 156	46 557	1 957	305 074
福　建	FUJIAN	308 384	44 823	53 575	187 173
江　西	JIANGXI	168 903	34 528	61 598	1 172 068
山　东	SHANDONG	2 148 365	97 641	29 787	2 647 078
河　南	HENAN	281 112	84 621	282	287 053
湖　北	HUBEI	356 296	63 180	75 594	512 051
湖　南	HUNAN	146 355	52 762	525	21 929
广　东	GUANGDONG	999 195	147 587	39 821	2 077 680
广　西	GUANGXI	136 125	47 605	45 468	561 862
海　南	HAINAN	18 924	7 838	0	6 560
重　庆	CHONGQING	171 235	31 531	17 022	278 784
四　川	SICHUAN	342 377	78 296	0	840 104
贵　州	GUIZHOU	153 645	38 535	24 419	106 962
云　南	YUNNAN	36 703	49 757	2 601	76 188
西　藏	TIBET	0	2 714	990	0
陕　西	SHAANXI	319 497	39 871	126 285	947 630
甘　肃	GANSU	251 423	16 511	3 047	225 127
青　海	QINGHAI	260 432	6 523	18 559	120 594
宁　夏	NINGXIA	98 057	7 140	2 081	233 267
新　疆	XINJIANG	741 991	34 970	352 616	1 133 716

各地区危险废物（医疗废物）集中处理厂污染排放情况（一）

Discharge of Hazardous Wastes Treatment Plants Pollution by Region（1）

（2021）

单位：吨 （ton）

年份/地区	Year/Region	渗滤液中污染物排放量 Amount of Pollutants Discharged in the Landfill Leachate				
		化学需氧量 COD	氨氮 Ammonia Nitrogen	总氮 Total Nitrogen	总磷 Total Phosphorus	重金属 Heavy Mental
	2017	**563**	**24**	**...**	**2**	**...**
	2018	**528**	**26**	**...**	**2**	**...**
	2019	**483**	**27**	**...**	**2**	**...**
	2020	**605**	**37**	**82**	**3**	**359**
	2021	**670**	**33**	**94**	**4**	**...**
北　京	BEIJING	...	...	0	...	...
天　津	TIANJIN	17	2	4	...	...
河　北	HEBEI	45	2	2	...	...
山　西	SHANXI	3	...	...	...	...
内蒙古	INNER MONGOLIA	...	...	...	0	...
辽　宁	LIAONING	13	...	1	...	...
吉　林	JILIN	8	1	...	...	...
黑龙江	HEILONGJIANG	4	...	...	...	0
上　海	SHANGHAI	69	1	21	...	...
江　苏	JIANGSU	219	7	29	1	...
浙　江	ZHEJIANG	56	1	9	...	...
安　徽	ANHUI	31	6	1	...	...
福　建	FUJIAN	12	1	1	...	...
江　西	JIANGXI	16	2	1	...	...
山　东	SHANDONG	60	3	8	...	...
河　南	HENAN	4	...	1	...	0
湖　北	HUBEI	25	...	2	...	...
湖　南	HUNAN	3	...	...	...	...
广　东	GUANGDONG	25	1	5	...	...
广　西	GUANGXI	3	...	...	...	...
海　南	HAINAN	0	0	0	0	0
重　庆	CHONGQING	12	1	...	...	...
四　川	SICHUAN	22	1	2	...	...
贵　州	GUIZHOU	5	...	...	...	...
云　南	YUNNAN	1	...	0	0	0
西　藏	TIBET	0	0	0	0	0
陕　西	SHAANXI	4	1	1	...	...
甘　肃	GANSU	...	...	...	0	0
青　海	QINGHAI	...	...	...	0	0
宁　夏	NINGXIA	1	...	0	0	...
新　疆	XINJIANG	13	...	5	...	...

各地区危险废物（医疗废物）集中处理厂污染排放情况（二）
Discharge of Hazardous Wastes Treatment Plants Pollution by Region（2）
（2021）

单位：吨 （ton）

年份/地区	Year/Region	废气中污染物排放量 Amount of Pollutants Discharged in the Waste Gas		
		二氧化硫 Sulphur Dioxide	氮氧化物 Nitrogen Oxide	颗粒物 Particulate Matter
	2017	**2 907**	**8 342**	**1 506**
	2018	**5 334**	**13 264**	**2 082**
	2019	**4 951**	**17 161**	**2 366**
	2020	**1 047**	**4 902**	**2 637**
	2021	**1 082**	**6 284**	**632**
北　京	BEIJING	3	8	1
天　津	TIANJIN	27	104	10
河　北	HEBEI	39	229	31
山　西	SHANXI	2	13	1
内蒙古	INNER MONGOLIA	46	48	14
辽　宁	LIAONING	47	178	34
吉　林	JILIN	5	43	8
黑龙江	HEILONGJIANG	22	56	4
上　海	SHANGHAI	10	398	9
江　苏	JIANGSU	85	645	65
浙　江	ZHEJIANG	100	624	49
安　徽	ANHUI	21	165	51
福　建	FUJIAN	87	321	39
江　西	JIANGXI	85	189	55
山　东	SHANDONG	70	357	28
河　南	HENAN	17	52	5
湖　北	HUBEI	31	191	40
湖　南	HUNAN	4	353	18
广　东	GUANGDONG	232	1 423	70
广　西	GUANGXI	31	86	14
海　南	HAINAN	4	9	2
重　庆	CHONGQING	25	46	8
四　川	SICHUAN	38	212	20
贵　州	GUIZHOU	1	7	1
云　南	YUNNAN	12	59	12
西　藏	TIBET	…	…	…
陕　西	SHAANXI	3	300	20
甘　肃	GANSU	3	21	1
青　海	QINGHAI	3	15	4
宁　夏	NINGXIA	1	13	…
新　疆	XINJIANG	26	120	18

各地区移动源污染排放情况
Discharge of Motor Vehicle Pollution by Region
（2021）

单位：吨 （ton）

年份/地区	Year/Region	移动源污染物排放量 Total Amount of Discharge of Motor Vehicle Pollution		
		总颗粒物 Total Particulate	氮氧化物 Nitrogen Oxide	挥发性有机物 Volatile Organic Compounds
	2017	**114 314**	**6 412 177**	—
	2018	**99 350**	**6 445 982**	—
	2019	**73 693**	**6 336 318**	—
	2020	**85 240**	**5 669 200**	**2 105 003**
	2021	**68 278**	**5 820 971**	**2 003 566**
北　京	BEIJING	437	64 118	34 595
天　津	TIANJIN	897	78 622	24 814
河　北	HEBEI	4 936	526 026	122 325
山　西	SHANXI	2 403	238 124	65 646
内蒙古	INNER MONGOLIA	1 782	141 015	64 082
辽　宁	LIAONING	4 570	314 747	100 522
吉　林	JILIN	2 319	127 385	56 622
黑龙江	HEILONGJIANG	3 015	151 431	75 514
上　海	SHANGHAI	913	109 056	23 126
江　苏	JIANGSU	3 697	345 389	112 313
浙　江	ZHEJIANG	3 015	263 240	105 637
安　徽	ANHUI	3 224	293 918	61 201
福　建	FUJIAN	1 213	101 679	49 826
江　西	JIANGXI	2 190	176 419	45 231
山　东	SHANDONG	6 276	553 307	172 927
河　南	HENAN	4 862	393 097	135 037
湖　北	HUBEI	3 109	233 388	60 359
湖　南	HUNAN	2 064	154 253	64 661
广　东	GUANGDONG	4 603	400 410	154 995
广　西	GUANGXI	1 919	160 628	63 047
海　南	HAINAN	376	19 317	9 972
重　庆	CHONGQING	941	80 952	32 995
四　川	SICHUAN	1 976	182 178	82 670
贵　州	GUIZHOU	1 279	100 640	39 886
云　南	YUNNAN	1 763	167 829	70 378
西　藏	TIBET	579	40 016	9 495
陕　西	SHAANXI	1 015	125 293	52 818
甘　肃	GANSU	1 230	94 156	34 962
青　海	QINGHAI	230	34 745	13 879
宁　夏	NINGXIA	309	37 046	14 622
新　疆	XINJIANG	1 135	112 548	49 408

10

各工业行业污染排放及治理统计

各工业行业废水排放及治理情况（一）

（2021）

单位：吨

行业名称	工业废水中污染物排放量			
	化学需氧量	氨氮	总氮	总磷
行业汇总	**377 453.0**	**15 700.7**	**81 200.8**	**2 713.4**
农、林、牧、渔专业及辅助性活动	603.0	40.7	99.5	24.7
煤炭开采和洗选业	7 333.9	167.5	414.0	10.6
石油和天然气开采业	1 137.9	40.8	115.0	2.4
黑色金属矿采选业	1 578.5	16.7	70.3	0.9
有色金属矿采选业	4 294.3	231.1	532.5	10.8
非金属矿采选业	1 601.5	172.2	206.2	26.6
开采专业及辅助性活动	32.7	5.1	10.8	0.2
其他采矿业	3.4	0.4	0.6	…
农副食品加工业	39 255.4	1 685.0	7 689.8	773.5
食品制造业	21 292.6	1 265.2	4 940.7	199.2
酒、饮料和精制茶制造业	14 840.5	676.6	2 984.9	197.5
烟草制品业	554.8	25.8	241.1	2.1
纺织业	61 491.9	1 400.8	10 839.6	234.4
纺织服装、服饰业	3 209.0	137.0	601.2	21.7
皮革、毛皮、羽毛及其制品和制鞋业	3 869.4	183.3	1 289.1	21.4
木材加工和木、竹、藤、棕、草制品业	314.0	4.1	23.7	0.3
家具制造业	126.5	3.6	26.5	1.2
造纸和纸制品业	52 803.4	1 434.9	6 149.7	104.3
印刷和记录媒介复制业	208.0	14.4	46.4	0.8
文教、工美、体育和娱乐用品制造业	338.1	22.9	87.2	2.8
石油、煤炭及其他燃料加工业	12 149.9	457.2	4 291.1	86.6
化学原料和化学制品制造业	51 909.7	3 216.4	15 799.8	323.0
医药制造业	12 847.6	539.5	3 195.6	110.7
化学纤维制造业	12 926.6	439.0	1 148.3	31.3
橡胶和塑料制品业	2 780.9	112.7	700.8	21.8
非金属矿物制品业	3 122.1	98.1	453.5	14.9
黑色金属冶炼和压延加工业	6 274.6	400.6	2 231.5	26.8
有色金属冶炼和压延加工业	3 938.8	659.3	1 242.9	20.9
金属制品业	5 951.6	224.8	1 329.1	58.2
通用设备制造业	1 435.8	35.7	271.4	11.1
专用设备制造业	1 063.9	26.4	155.0	7.1
汽车制造业	3 957.1	86.6	679.7	48.3
铁路、船舶、航空航天和其他运输设备制造业	2 525.4	74.1	378.8	11.2
电气机械和器材制造业	4 390.8	181.9	1 276.1	24.1
计算机、通信和其他电子设备制造业	19 227.7	962.6	7 069.5	151.3
仪器仪表制造业	106.9	4.6	34.1	1.7
其他制造业	375.7	10.4	120.5	4.9
废弃资源综合利用业	647.2	25.0	129.6	3.9
金属制品、机械和设备修理业	512.0	12.6	69.6	1.6
电力、热力生产和供应业	9 499.0	406.9	2 266.3	41.7
燃气生产和供应业	15.8	0.5	2.4	…
水的生产和供应业	6 904.9	197.9	1 986.2	76.9

注：分行业废水污染物相关指标数据口径为工业重点调查单位，下同。

各工业行业废水排放及治理情况（二）

（2021）

行业名称	工业废水中污染物排放量			
	石油类/吨	挥发酚/千克	氰化物/千克	重金属/千克
行业汇总	**2 217.5**	**51 686.9**	**28 046.6**	**44 983.3**
农、林、牧、渔专业及辅助性活动	0.4	0.0	0.0	0.0
煤炭开采和洗选业	78.2	157.7	239.7	1 803.4
石油和天然气开采业	32.2	660.0	1.7	0.0
黑色金属矿采选业	30.6	0.0	0.0	1 774.1
有色金属矿采选业	10.2	35.8	170.9	12 012.1
非金属矿采选业	1.3	1.5	0.0	1 050.4
开采专业及辅助性活动	0.2	0.1	0.7	10.6
其他采矿业	0.0	0.0	0.0	0.0
农副食品加工业	38.0	4.8	3.8	0.0
食品制造业	30.5	92.2	18.2	…
酒、饮料和精制茶制造业	2.5	8.0	…	0.1
烟草制品业	0.8	6.3	2.2	0.0
纺织业	6.1	129.0	0.7	9.4
纺织服装、服饰业	0.9	54.0	24.0	0.0
皮革、毛皮、羽毛及其制品和制鞋业	3.0	6.2	17.5	5 030.7
木材加工和木、竹、藤、棕、草制品业	0.1	…	0.0	0.0
家具制造业	4.4	0.1	…	1.6
造纸和纸制品业	7.0	174.7	0.0	0.0
印刷和记录媒介复制业	6.4	0.2	…	0.8
文教、工美、体育和娱乐用品制造业	1.2	15.1	6.3	72.8
石油、煤炭及其他燃料加工业	247.9	32 800.9	7 564.4	877.4
化学原料和化学制品制造业	181.0	8 164.9	4 472.3	2 134.9
医药制造业	11.3	309.4	57.5	5.2
化学纤维制造业	20.3	0.3	…	0.0
橡胶和塑料制品业	36.6	5.6	11.9	32.2
非金属矿物制品业	88.7	38.7	48.4	261.6
黑色金属冶炼和压延加工业	142.6	7 457.6	11 147.4	4 928.7
有色金属冶炼和压延加工业	144.8	71.1	24.0	5 902.8
金属制品业	320.3	847.9	2 527.1	5 907.9
通用设备制造业	110.4	9.4	9.7	98.8
专用设备制造业	72.5	18.3	46.3	100.6
汽车制造业	208.4	1.0	11.1	240.5
铁路、船舶、航空航天和其他运输设备制造业	193.0	100.3	40.6	195.1
电气机械和器材制造业	22.5	54.0	4.3	1 293.4
计算机、通信和其他电子设备制造业	85.0	93.4	1 308.3	796.1
仪器仪表制造业	1.1	…	0.6	6.4
其他制造业	3.8	0.4	7.3	5.5
废弃资源综合利用业	19.4	0.6	…	91.5
金属制品、机械和设备修理业	13.1	6.6	2.7	5.5
电力、热力生产和供应业	37.9	311.6	171.2	300.8
燃气生产和供应业	…	41.8	65.1	0.0
水的生产和供应业	3.2	7.7	40.5	32.3

各工业行业废气排放及治理情况

（2021）

单位：吨

行业名称	工业废气中污染物排放量			
	二氧化硫	氮氧化物	颗粒物	挥发性有机物
行业汇总	**2 096 583.8**	**3 688 711.3**	**3 252 711.7**	**2 078 537.3**
农、林、牧、渔专业及辅助性活动	1 923.7	961.1	517.0	208.9
煤炭开采和洗选业	7 455.7	10 779.9	894 699.2	187.2
石油和天然气开采业	7 764.4	14 308.6	1 337.6	42 248.1
黑色金属矿采选业	1 318.5	1 543.1	73 443.3	11.8
有色金属矿采选业	930.5	729.6	269 597.1	285.0
非金属矿采选业	2 639.2	2 803.7	35 347.2	140.8
开采专业及辅助性活动	133.9	99.8	121.7	719.7
其他采矿业	383.8	41.7	228.0	0.2
农副食品加工业	16 168.1	23 299.3	13 952.0	36 692.4
食品制造业	10 386.7	16 355.7	4 128.3	8 151.3
酒、饮料和精制茶制造业	6 593.6	7 598.6	2 305.3	2 945.1
烟草制品业	207.2	539.2	1 655.8	205.9
纺织业	10 208.3	13 045.7	4 662.2	17 365.2
纺织服装、服饰业	6 667.9	533.3	224.9	478.7
皮革、毛皮、羽毛及其制品和制鞋业	294.1	549.7	2 722.5	24 303.6
木材加工和木、竹、藤、棕、草制品业	6 256.3	6 490.2	17 628.4	69 046.3
家具制造业	176.9	270.5	4 142.2	20 734.6
造纸和纸制品业	17 661.6	39 551.9	7 015.9	26 474.3
印刷和记录媒介复制业	141.1	523.8	67.3	61 710.4
文教、工美、体育和娱乐用品制造业	167.3	204.3	414.4	8 113.0
石油、煤炭及其他燃料加工业	64 059.2	182 017.5	167 281.6	530 521.5
化学原料和化学制品制造业	131 071.6	172 693.9	122 312.0	466 114.5
医药制造业	3 808.5	7 182.4	1 869.5	114 049.8
化学纤维制造业	5 363.0	8 027.4	2 957.9	21 231.9
橡胶和塑料制品业	4 842.2	6 103.3	7 353.8	131 814.9
非金属矿物制品业	400 452.7	1 007 627.9	757 871.8	40 569.1
黑色金属冶炼和压延加工业	452 273.9	802 141.7	466 621.1	101 036.8
有色金属冶炼和压延加工业	287 107.9	111 126.6	76 892.5	8 036.3
金属制品业	2 022.7	8 619.9	25 072.6	66 392.7
通用设备制造业	276.0	3 584.0	5 671.6	14 201.4
专用设备制造业	152.4	1 483.7	4 856.5	10 522.9
汽车制造业	427.4	4 346.3	7 753.0	55 015.1
铁路、船舶、航空航天和其他运输设备制造业	218.7	1 547.4	5 093.0	31 328.1
电气机械和器材制造业	286.0	4 430.0	1 064.8	40 266.6
计算机、通信和其他电子设备制造业	482.4	2 601.3	1 609.2	78 477.1
仪器仪表制造业	5.1	15.8	16.4	680.3
其他制造业	315.9	524.2	10 814.2	5 828.5
废弃资源综合利用业	3 301.4	2 356.1	8 248.3	1 633.1
金属制品、机械和设备修理业	99.4	87.9	230.5	5 650.1
电力、热力生产和供应业	641 814.8	1 220 079.5	241 896.9	33 944.0
燃气生产和供应业	722.0	1 874.7	3 010.6	1 199.1
水的生产和供应业	1.9	10.0	3.8	1.0

注：分行业废气污染物相关指标数据口径为工业重点调查单位，下同。

各工业行业一般工业固体废物产生及利用处置情况

（2021）

单位：万吨

行业名称	一般工业固体废物产生量	一般工业固体废物综合利用量	一般工业固体废物处置量
行业汇总	**397 006**	**226 659**	**88 876**
农、林、牧、渔专业及辅助性活动	54	48	4
煤炭开采和洗选业	50 794	30 048	18 813
石油和天然气开采业	255	120	132
黑色金属矿采选业	59 087	20 297	14 538
有色金属矿采选业	51 491	13 534	12 718
非金属矿采选业	5 273	3 324	775
开采专业及辅助性活动	548	246	311
其他采矿业	15	7	2
农副食品加工业	1 662	1 411	246
食品制造业	1 081	803	268
酒、饮料和精制茶制造业	1 131	974	155
烟草制品业	29	21	8
纺织业	543	436	107
纺织服装、服饰业	10	6	4
皮革、毛皮、羽毛及其制品和制鞋业	69	31	42
木材加工和木、竹、藤、棕、草制品业	192	168	24
家具制造业	66	49	17
造纸和纸制品业	2 389	1 712	698
印刷和记录媒介复制业	89	64	25
文教、工美、体育和娱乐用品制造业	12	9	3
石油、煤炭及其他燃料加工业	6 453	2 175	4 101
化学原料和化学制品制造业	39 463	22 202	7 460
医药制造业	356	202	117
化学纤维制造业	473	414	55
橡胶和塑料制品业	174	136	35
非金属矿物制品业	5 820	5 244	604
黑色金属冶炼和压延加工业	57 248	48 741	6 417
有色金属冶炼和压延加工业	20 107	5 672	4 495
金属制品业	970	686	283
通用设备制造业	351	289	63
专用设备制造业	202	130	81
汽车制造业	731	611	119
铁路、船舶、航空航天和其他运输设备制造业	161	121	41
电气机械和器材制造业	292	190	99
计算机、通信和其他电子设备制造业	395	284	112
仪器仪表制造业	2	1	1
其他制造业	13	9	4
废弃资源综合利用业	1 795	1 445	347
金属制品、机械和设备修理业	58	55	4
电力、热力生产和供应业	86 875	64 625	15 490
燃气生产和供应业	145	32	11
水的生产和供应业	131	89	43

各工业行业危险废物产生及利用处置情况

（2021）

单位：吨

行业名称	危险废物产生量	危险废物利用处置量
行业汇总	**86 536 074**	**84 612 091**
农、林、牧、渔专业及辅助性活动	16 813	17 328
煤炭开采和洗选业	22 345	23 379
石油和天然气开采业	2 676 748	3 049 535
黑色金属矿采选业	5 137	5 145
有色金属矿采选业	5 733 475	4 405 443
非金属矿采选业	2 013 046	585 274
开采专业及辅助性活动	79 913	41 320
其他采矿业	2	2
农副食品加工业	8 948	8 374
食品制造业	36 830	39 695
酒、饮料和精制茶制造业	7 319	7 405
烟草制品业	1 579	1 564
纺织业	104 045	104 107
纺织服装、服饰业	2 554	2 314
皮革、毛皮、羽毛及其制品和制鞋业	146 168	146 972
木材加工和木、竹、藤、棕、草制品业	7 272	7 227
家具制造业	41 584	42 256
造纸和纸制品业	44 063	44 161
印刷和记录媒介复制业	42 185	42 755
文教、工美、体育和娱乐用品制造业	23 834	24 154
石油、煤炭及其他燃料加工业	11 232 010	11 201 288
化学原料和化学制品制造业	17 090 500	17 285 429
医药制造业	2 452 333	2 464 218
化学纤维制造业	58 646	60 434
橡胶和塑料制品业	318 154	321 792
非金属矿物制品业	799 609	855 523
黑色金属冶炼和压延加工业	9 536 359	9 581 866
有色金属冶炼和压延加工业	13 772 299	13 927 845
金属制品业	3 865 891	3 868 560
通用设备制造业	391 006	394 257
专用设备制造业	131 043	123 642
汽车制造业	772 184	765 801
铁路、船舶、航空航天和其他运输设备制造业	191 399	192 226
电气机械和器材制造业	693 433	697 894
计算机、通信和其他电子设备制造业	4 507 296	4 515 566
仪器仪表制造业	7 209	7 228
其他制造业	38 012	38 376
废弃资源综合利用业	1 092 589	1 071 182
金属制品、机械和设备修理业	173 309	172 432
电力、热力生产和供应业	8 345 430	8 412 497
燃气生产和供应业	33 136	34 856
水的生产和供应业	20 366	20 768

各工业行业污染治理情况（一）
（2021）

行业名称	废水治理设施数量/套	废水治理设施治理能力/（万吨/日）	废水治理设施运行费用/万元
行业汇总	**70 212**	**18 466.3**	**7 138 131.3**
农、林、牧、渔专业及辅助性活动	173	12.6	2 749.0
煤炭开采和洗选业	2 176	1 057.3	164 834.6
石油和天然气开采业	534	509.2	189 012.2
黑色金属矿采选业	353	448.2	42 270.1
有色金属矿采选业	708	551.3	87 699.7
非金属矿采选业	274	93.3	10 505.6
开采专业及辅助性活动	18	5.7	618.6
其他采矿业	5	0.2	90.7
农副食品加工业	8 358	623.3	184 281.8
食品制造业	3 288	331.3	154 641.3
酒、饮料和精制茶制造业	2 253	293.8	102 500.4
烟草制品业	110	11.4	9 149.0
纺织业	4 157	1 058.1	561 734.3
纺织服装、服饰业	544	71.9	20 461.6
皮革、毛皮、羽毛及其制品和制鞋业	1 076	126.8	61 457.8
木材加工和木、竹、藤、棕、草制品业	303	10.0	3 744.1
家具制造业	481	3.2	3 861.8
造纸和纸制品业	1 978	1 310.0	464 745.4
印刷和记录媒介复制业	552	4.5	5 010.9
文教、工美、体育和娱乐用品制造业	533	8.4	5 672.5
石油、煤炭及其他燃料加工业	884	465.2	723 343.0
化学原料和化学制品制造业	7 541	1 063.3	1 324 251.3
医药制造业	3 817	229.6	349 284.7
化学纤维制造业	490	184.0	100 291.0
橡胶和塑料制品业	1 264	54.3	25 529.8
非金属矿物制品业	2 683	509.1	50 849.7
黑色金属冶炼和压延加工业	1 867	6 121.4	855 438.9
有色金属冶炼和压延加工业	1 802	170.9	186 843.1
金属制品业	7 011	433.5	272 091.9
通用设备制造业	1 603	32.7	28 146.4
专用设备制造业	887	16.8	14 353.0
汽车制造业	2 580	118.0	95 572.3
铁路、船舶、航空航天和其他运输设备制造业	767	36.3	18 984.6
电气机械和器材制造业	1 453	95.0	88 080.8
计算机、通信和其他电子设备制造业	3 632	573.4	585 737.0
仪器仪表制造业	149	2.6	1 446.2
其他制造业	330	18.7	14 127.2
废弃资源综合利用业	615	22.1	23 566.5
金属制品、机械和设备修理业	258	5.4	6 864.9
电力、热力生产和供应业	2 341	1 382.9	208 361.0
燃气生产和供应业	23	5.7	7 845.5
水的生产和供应业	341	394.8	82 081.2

各工业行业污染治理情况（二）
（2021）

行业名称	废气治理设施数量/套	脱硫设施	脱硝设施	除尘设施	VOCs治理设施	废气治理设施运行费用/万元
行业汇总	**369 326**	**33 813**	**23 294**	**173 608**	**98 603**	**22 219 682.0**
农、林、牧、渔专业及辅助性活动	498	125	21	296	18	4 368.2
煤炭开采和洗选业	3 123	540	382	2 019	4	69 332.3
石油和天然气开采业	180	36	56	28	6	12 657.2
黑色金属矿采选业	1 094	44	18	1 002	6	26 367.2
有色金属矿采选业	1 270	77	16	1 144	0	20 613.3
非金属矿采选业	1 685	92	33	1 506	1	32 724.9
开采专业及辅助性活动	35	2	3	20	8	312.3
其他采矿业	17	2	0	13	0	314.0
农副食品加工业	8 818	820	930	5 465	308	122 208.5
食品制造业	3 739	382	529	1 510	285	90 182.0
酒、饮料和精制茶制造业	2 184	217	328	1 100	183	30 071.7
烟草制品业	537	7	13	431	23	9 001.8
纺织业	9 486	306	426	2 512	4 027	229 745.5
纺织服装、服饰业	488	42	49	203	83	4 357.4
皮革、毛皮、羽毛及其制品和制鞋业	4 610	78	139	799	3 221	33 833.7
木材加工和木、竹、藤、棕、草制品业	6 689	88	236	3 858	2 310	69 519.8
家具制造业	13 019	39	30	5 436	7 144	85 455.4
造纸和纸制品业	4 063	652	580	1 385	1 174	245 299.6
印刷和记录媒介复制业	5 331	36	31	142	4 877	96 253.4
文教、工美、体育和娱乐用品制造业	3 144	46	17	873	1 932	25 113.0
石油、煤炭及其他燃料加工业	5 033	1 058	902	1 967	895	1 454 095.
化学原料和化学制品制造业	34 377	2 849	2 175	13 242	11 802	1 503 127.
医药制造业	8 743	236	394	2 775	3 814	206 962.9
化学纤维制造业	2 027	152	181	296	1 202	104 817.8
橡胶和塑料制品业	21 570	295	301	4 139	14 844	307 607.9
非金属矿物制品业	75 910	12 416	5 069	54 468	2 173	2 006 397.
黑色金属冶炼和压延加工业	14 834	1 421	942	11 001	265	5 707 555.
有色金属冶炼和压延加工业	9 333	1 540	421	5 482	797	994 224.3
金属制品业	37 471	1 329	988	17 520	8 915	371 783.7
通用设备制造业	9 744	89	128	4 647	3 896	99 887.6
专用设备制造业	6 179	48	125	2 914	2 542	75 282.6
汽车制造业	14 859	110	327	6 517	6 285	279 111.9
铁路、船舶、航空航天和其他运输设备制造	4 504	56	69	1 952	1 955	82 806.3
电气机械和器材制造业	10 319	231	127	3 260	4 950	157 933.9
计算机、通信和其他电子设备制造业	15 267	715	172	2 928	6 249	358 876.8
仪器仪表制造业	551	5	3	165	280	5 190.1
其他制造业	1 355	36	26	417	675	12 603.9
废弃资源综合利用业	3 432	183	69	1 917	1 002	73 841.7
金属制品、机械和设备修理业	732	14	20	215	405	6 554.8
电力、热力生产和供应业	22 956	7 386	6 975	8 004	40	7 192 550.
燃气生产和供应业	109	12	43	37	6	10 447.9
水的生产和供应业	11	1	0	3	1	290.2

各地区电力、热力生产和供应业废水排放及治理情况（一）
（2021）

单位：吨

地　区	工业废水中污染物排放量			
	化学需氧量	氨氮	总氮	总磷
全　国	**9 499**	**407**	**2 266**	**42**
北　京	311	5	149	2
天　津	166	6	69	1
河　北	374	29	85	1
山　西	119	4	10	1
内蒙古	469	24	149	4
辽　宁	365	12	57	2
吉　林	84	2	17	…
黑龙江	121	5	27	1
上　海	306	7	92	2
江　苏	583	40	104	3
浙　江	731	24	122	1
安　徽	552	23	44	…
福　建	495	4	14	…
江　西	99	3	17	1
山　东	2 577	80	590	10
河　南	808	52	291	6
湖　北	139	14	32	…
湖　南	128	10	12	…
广　东	212	7	44	2
广　西	65	3	7	…
海　南	13	…	4	…
重　庆	47	3	5	…
四　川	213	20	154	1
贵　州	19	1	1	0
云　南	10	…	1	…
西　藏	…	0	0	0
陕　西	58	7	109	…
甘　肃	82	6	20	1
青　海	190	6	17	1
宁　夏	33	1	10	…
新　疆	131	9	14	…

各地区电力、热力生产和供应业废水排放及治理情况（二）

（2021）

地　区	废水治理设施数量/套	废水治理设施治理能力/（万吨/日）	废水治理设施运行费用/万元
全　国	**2 341**	**1 382.9**	**208 361.0**
北　京	20	6.5	3 698.2
天　津	57	8.9	5 425.1
河　北	128	22.5	9 232.9
山　西	49	18.3	3 079.0
内蒙古	234	36.3	7 600.1
辽　宁	93	18.3	5 268.3
吉　林	57	6.6	2 572.0
黑龙江	67	13.3	2 984.1
上　海	48	7.5	7 225.6
江　苏	149	18.6	15 324.8
浙　江	196	28.3	21 603.9
安　徽	71	16.9	5 364.8
福　建	66	823.7	8 944.8
江　西	54	7.8	4 793.0
山　东	256	48.9	28 328.5
河　南	146	45.9	17 717.6
湖　北	58	6.4	8 074.5
湖　南	62	10.8	7 600.2
广　东	99	151.3	10 099.3
广　西	7	0.6	637.5
海　南	18	1.2	3 354.6
重　庆	35	5.0	6 047.2
四　川	66	27.2	11 588.2
贵　州	46	5.7	1 091.2
云　南	22	2.1	545.5
西　藏	0	0.0	0.0
陕　西	61	13.3	3 438.6
甘　肃	46	16.2	2 892.2
青　海	10	1.5	224.5
宁　夏	38	6.3	2 333.0
新　疆	82	6.9	1 271.6

各地区电力、热力生产和供应业废气排放及治理情况（一）
（2021）

单位：吨

地 区	工业废气中污染物排放量			
	二氧化硫	氮氧化物	颗粒物	挥发性有机物
全 国	**641 815**	**1 220 080**	**241 897**	**33 944**
北 京	636	7 372	145	713
天 津	3 775	12 452	648	839
河 北	19 135	41 198	4 229	1 231
山 西	34 003	61 517	20 511	2 045
内蒙古	66 215	126 220	33 040	3 032
辽 宁	29 545	59 791	13 921	2 693
吉 林	23 082	44 249	18 999	467
黑龙江	40 461	60 371	28 910	899
上 海	2 649	9 274	453	295
江 苏	35 206	79 204	7 033	2 159
浙 江	21 930	52 462	3 302	1 796
安 徽	18 304	38 535	4 048	1 190
福 建	12 931	34 317	4 960	805
江 西	9 038	19 880	2 086	590
山 东	46 731	100 740	7 840	3 762
河 南	19 132	38 815	3 421	1 051
湖 北	10 478	25 613	2 229	655
湖 南	7 998	19 097	3 093	882
广 东	26 586	77 393	5 567	1 940
广 西	10 035	20 056	2 603	378
海 南	1 072	3 911	253	94
重 庆	9 054	13 278	4 274	413
四 川	11 181	22 014	6 272	396
贵 州	75 322	54 188	12 601	868
云 南	15 136	26 129	2 992	252
西 藏	296	635	208	1
陕 西	17 742	38 440	5 317	1 319
甘 肃	13 862	30 872	4 778	603
青 海	2 735	4 832	1 125	151
宁 夏	20 358	30 756	10 999	853
新 疆	37 188	66 467	26 041	1 573

各地区电力、热力生产和供应业废气排放及治理情况（二）
（2021）

地　区	废气治理设施数量/套	脱硫设施	脱硝设施	除尘设施	VOCs治理设施	废气治理设施运行费用/万元
全　国	**22 956**	**7 386**	**6 975**	**8 004**	**40**	**7 192 550.2**
北　京	346	29	271	19	0	28 363.3
天　津	279	66	125	61	1	89 094.4
河　北	1 428	459	465	453	2	483 255.1
山　西	817	266	268	262	0	342 294.9
内蒙古	2 048	727	431	884	0	403 257.7
辽　宁	2 533	819	744	959	0	208 249.6
吉　林	1 305	513	174	616	0	83 430.0
黑龙江	2 054	610	543	892	0	141 964.2
上　海	194	39	73	52	16	129 463.6
江　苏	910	310	297	258	2	733 335.5
浙　江	898	319	254	260	2	565 975.5
安　徽	577	190	186	185	2	364 816.7
福　建	342	121	106	110	1	153 899.3
江　西	269	92	81	92	0	131 999.9
山　东	3 393	1 048	1 190	1 128	2	900 037.0
河　南	516	165	178	148	1	316 294.5
湖　北	314	98	95	108	3	200 137.9
湖　南	203	57	68	72	0	169 940.8
广　东	583	165	207	151	2	452 032.1
广　西	179	35	48	65	0	72 441.6
海　南	81	27	24	23	0	55 544.3
重　庆	95	30	27	29	0	107 396.3
四　川	280	85	91	81	4	100 660.9
贵　州	180	73	49	47	0	215 724.6
云　南	104	39	30	33	0	74 473.9
西　藏	10	3	0	7	0	622.8
陕　西	474	152	169	126	1	146 049.5
甘　肃	955	305	339	295	0	143 859.0
青　海	143	41	45	57	0	17 701.2
宁　夏	305	99	98	106	1	186 172.8
新　疆	1 141	404	299	425	0	174 061.5

各地区非金属矿物制品业废水排放及治理情况（一）
（2021）

单位：吨

地　区	工业废水中污染物排放量			
	化学需氧量	氨氮	总氮	总磷
全　国	**3 122**	**98**	**454**	**15**
北　京	5	…	2	…
天　津	29	1	11	…
河　北	53	2	8	…
山　西	1	…	…	…
内蒙古	5	0	0	0
辽　宁	91	1	3	…
吉　林	74	1	4	…
黑龙江	4	…	…	0
上　海	58	1	8	…
江　苏	221	11	49	2
浙　江	180	1	56	1
安　徽	216	3	28	1
福　建	151	3	27	1
江　西	151	22	38	…
山　东	416	10	49	3
河　南	125	3	12	…
湖　北	90	6	18	1
湖　南	21	1	1	…
广　东	243	13	68	2
广　西	296	4	16	…
海　南	…	…	…	…
重　庆	426	5	10	…
四　川	150	7	28	2
贵　州	2	…	2	…
云　南	43	2	5	…
西　藏	…	0	0	0
陕　西	33	1	3	1
甘　肃	9	…	…	0
青　海	0	0	0	0
宁　夏	2	…	1	…
新　疆	27	1	5	…

各地区非金属矿物制品业废水排放及治理情况（二）

（2021）

地　区	废水治理设施数量/套	废水治理设施治理能力/（万吨/日）	废水治理设施运行费用/万元
全　国	**2 683**	**509.1**	**50 849.7**
北　京	7	0.3	96.0
天　津	24	0.7	269.1
河　北	115	4.8	1 663.4
山　西	71	1.4	124.5
内蒙古	20	0.8	299.7
辽　宁	30	3.5	278.4
吉　林	10	2.5	463.4
黑龙江	9	3.5	459.9
上　海	21	1.8	434.8
江　苏	91	8.0	4 567.8
浙　江	113	10.4	2 338.3
安　徽	116	192.5	3 391.1
福　建	254	12.7	3 611.0
江　西	301	6.8	2 095.9
山　东	99	9.8	4 027.3
河　南	94	11.8	1 647.4
湖　北	145	7.1	1 467.0
湖　南	235	14.5	1 792.6
广　东	330	46.5	10 191.8
广　西	104	130.8	2 710.0
海　南	8	0.2	46.9
重　庆	54	5.5	1 225.4
四　川	222	18.2	4 253.8
贵　州	32	2.1	266.5
云　南	99	8.7	1 555.5
西　藏	3	0.0	6.0
陕　西	34	1.3	291.2
甘　肃	12	1.4	388.2
青　海	0	0.0	0.0
宁　夏	4	0.5	35.0
新　疆	26	1.0	851.8

各地区非金属矿物制品业废气排放及治理情况（一）
（2021）

单位：吨

地　区	工业废气中污染物排放量			
	二氧化硫	氮氧化物	颗粒物	挥发性有机物
全　国	**400 453**	**1 007 628**	**757 872**	**40 569**
北　京	19	606	1 574	43
天　津	328	1 574	1 385	151
河　北	15 851	38 184	33 571	1 987
山　西	16 510	30 605	19 477	449
内蒙古	9 254	25 116	21 026	292
辽　宁	21 584	44 278	22 044	447
吉　林	6 626	10 804	13 770	257
黑龙江	2 379	6 379	10 092	75
上　海	14	132	129	27
江　苏	8 795	17 372	41 856	770
浙　江	9 961	31 605	35 721	1 545
安　徽	37 893	53 537	38 622	3 015
福　建	14 212	57 532	34 087	682
江　西	32 493	79 886	38 895	2 937
山　东	21 983	44 244	38 927	1 762
河　南	19 707	28 020	21 194	1 022
湖　北	10 068	45 119	24 514	1 568
湖　南	20 490	43 463	29 276	2 097
广　东	24 438	93 022	50 621	9 561
广　西	12 676	58 784	30 065	2 225
海　南	2 077	8 117	7 184	106
重　庆	13 777	31 812	29 597	1 645
四　川	28 265	63 408	47 036	3 055
贵　州	10 442	44 780	38 065	1 518
云　南	22 153	54 731	43 733	1 000
西　藏	840	3 274	3 465	148
陕　西	11 024	27 729	18 534	1 106
甘　肃	8 875	23 362	19 611	337
青　海	1 451	5 826	4 122	75
宁　夏	7 717	10 926	13 491	131
新　疆	7 002	18 944	17 785	342

各地区非金属矿物制品业废气排放及治理情况（二）
（2021）

地 区	废气治理设施数量/套					废气治理设施运行费用/万元
		脱硫设施	脱硝设施	除尘设施	VOCs 治理设施	
全 国	**75 910**	**12 416**	**5 069**	**54 468**	**2 173**	**2 006 397.5**
北 京	802	6	31	743	21	5 220.6
天 津	487	19	19	388	50	14 996.6
河 北	6 908	599	453	5 137	456	181 495.8
山 西	5 273	781	346	4 066	21	69 656.5
内蒙古	2 184	168	51	1 947	1	35 328.7
辽 宁	3 461	552	274	2 520	41	77 535.5
吉 林	521	40	30	445	0	12 363.7
黑龙江	881	10	17	846	0	8 884.7
上 海	438	9	9	324	69	3 628.3
江 苏	2 102	159	114	1 624	111	84 244.0
浙 江	2 616	247	109	2 101	62	73 336.6
安 徽	4 721	744	306	3 492	124	148 737.4
福 建	2 043	469	71	1 430	51	60 489.0
江 西	3 277	789	159	2 129	71	84 128.8
山 东	9 188	1 118	945	6 672	343	227 577.5
河 南	5 620	1 007	754	3 602	75	145 507.2
湖 北	2 601	348	124	1 985	83	81 459.7
湖 南	2 580	780	103	1 575	51	81 549.7
广 东	3 802	650	266	2 390	313	162 470.7
广 西	1 737	609	97	978	29	63 435.9
海 南	364	60	9	292	0	15 950.2
重 庆	1 410	396	85	891	13	45 155.6
四 川	4 370	1 300	236	2 602	115	99 242.2
贵 州	658	139	81	415	6	33 306.3
云 南	2 360	484	99	1 723	5	72 785.5
西 藏	189	12	10	166	0	6 743.6
陕 西	1 708	313	95	1 234	35	31 456.8
甘 肃	1 241	250	66	902	7	29 044.5
青 海	403	35	18	349	1	9 444.2
宁 夏	890	120	27	735	2	13 661.3
新 疆	824	178	49	568	14	21 526.1

各地区黑色金属冶炼和压延加工业废水排放及治理情况（一）
（2021）

单位：吨

地　区	工业废水中污染物排放量			
	化学需氧量	氨氮	总氮	总磷
全　国	**6 275**	**401**	**2 231**	**27**
北　京	22	...	6	0
天　津	45	1	10	...
河　北	678	9	108	1
山　西	143	7	186	2
内蒙古	403	23	160	0
辽　宁	151	11	58	1
吉　林	354	43	53	2
黑龙江	119	4	22	...
上　海	143	3	55	1
江　苏	815	47	348	3
浙　江	198	6	31	...
安　徽	440	16	24	...
福　建	242	8	52	1
江　西	358	28	136	3
山　东	116	4	13	...
河　南	92	2	12	...
湖　北	758	95	256	3
湖　南	362	21	209	3
广　东	370	18	238	2
广　西	98	5	55	...
海　南	0	0	0	0
重　庆	194	17	18	2
四　川	16	...	3	...
贵　州	63	9	53	...
云　南	...	...	...	0
西　藏	0	0	0	0
陕　西	1	...	...	...
甘　肃	90	23	120	1
青　海	3	...	2	...
宁　夏	1	...	...	...
新　疆	1	...	...	0

各地区黑色金属冶炼和压延加工业废水排放及治理情况（二）

（2021）

地区	废水治理设施数量/套	废水治理设施治理能力/（万吨/日）	废水治理设施运行费用/万元
全　国	**1 867**	**6 121.4**	**855 438.9**
北　京	1	0.4	1 200.0
天　津	26	6.1	1 861.2
河　北	236	1 580.6	152 903.1
山　西	45	117.8	22 715.0
内蒙古	42	173.1	11 173.0
辽　宁	71	501.6	41 148.7
吉　林	23	44.4	9 638.2
黑龙江	26	81.5	7 786.0
上　海	19	16.4	10 200.7
江　苏	209	276.6	153 688.1
浙　江	148	93.6	22 519.2
安　徽	93	379.2	81 140.1
福　建	125	406.3	35 336.1
江　西	71	267.7	41 534.1
山　东	140	326.5	44 287.5
河　南	81	315.0	45 837.4
湖　北	63	278.4	51 705.3
湖　南	17	50.2	6 367.1
广　东	105	17.3	15 609.6
广　西	35	320.7	13 927.0
海　南	0	0.0	0.0
重　庆	17	21.9	1 611.2
四　川	115	274.8	31 589.4
贵　州	15	251.9	7 074.9
云　南	105	249.7	18 336.8
西　藏	0	0.0	0.0
陕　西	11	17.8	10 124.2
甘　肃	4	17.6	4 800.2
青　海	1	2.0	736.8
宁　夏	8	20.4	6 182.0
新　疆	15	11.8	4 406.1

各地区黑色金属冶炼和压延加工工业废气排放及治理情况（一）
（2021）

单位：吨

地 区	工业废气中污染物排放量			
	二氧化硫	氮氧化物	颗粒物	挥发性有机物
全 国	**452 274**	**802 142**	**466 621**	**101 037**
北 京	45	118	12	2
天 津	3 074	5 553	3 568	1 824
河 北	83 106	162 139	59 466	20 268
山 西	31 557	40 195	21 904	9 259
内蒙古	24 035	44 535	21 619	53
辽 宁	34 078	69 716	52 303	5 095
吉 林	7 996	19 575	16 671	161
黑龙江	4 942	9 801	9 149	73
上 海	2 350	7 144	5 331	787
江 苏	30 119	51 190	43 907	11 300
浙 江	2 223	7 271	3 503	2 010
安 徽	13 368	30 656	15 048	5 760
福 建	9 867	24 344	14 679	2 135
江 西	16 114	27 907	9 735	2 865
山 东	19 318	41 302	21 860	8 563
河 南	6 733	14 195	8 146	2 733
湖 北	16 741	25 430	8 220	2 957
湖 南	12 869	21 889	14 219	3 048
广 东	9 350	18 577	11 844	3 365
广 西	11 159	35 781	21 021	6 941
海 南	0	0	0	0
重 庆	5 258	10 045	4 410	2 453
四 川	38 790	34 673	20 700	444
贵 州	5 406	9 963	8 003	3 817
云 南	14 456	26 741	9 465	137
西 藏	0	0	0	0
陕 西	6 773	9 447	6 538	495
甘 肃	9 675	13 590	16 296	2 883
青 海	4 976	6 095	4 726	52
宁 夏	12 129	17 825	12 752	143
新 疆	15 768	16 442	21 526	1 414

各地区黑色金属冶炼和压延加工业废气排放及治理情况（二）
（2021）

地　区	废气治理设施数量/套	脱硫设施	脱硝设施	除尘设施	VOCs 治理设施	废气治理设施运行费用/万元
全　国	**14 834**	**1 421**	**942**	**11 001**	**265**	**5 707 555.7**
北　京	9	0	2	7	0	361.5
天　津	350	43	18	258	19	126 143.2
河　北	2 914	325	316	2 011	34	1 307 868.1
山　西	1 027	129	87	771	14	343 755.6
内蒙古	662	43	6	599	0	147 466.8
辽　宁	890	101	19	729	2	362 920.0
吉　林	69	15	0	51	0	42 678.9
黑龙江	107	10	0	95	0	18 490.3
上　海	390	13	3	291	16	74 714.5
江　苏	1 224	93	62	794	47	680 270.2
浙　江	382	30	11	217	20	124 051.4
安　徽	610	74	17	459	11	228 168.2
福　建	422	45	23	282	2	79 518.0
江　西	303	24	2	263	1	180 419.5
山　东	1 673	148	236	1 147	59	675 357.9
河　南	551	50	35	444	6	200 146.5
湖　北	449	28	16	342	2	217 274.1
湖　南	114	22	2	80	1	48 331.7
广　东	492	40	37	316	15	217 998.7
广　西	265	21	10	231	1	131 601.4
海　南	0	0	0	0	0	0.0
重　庆	79	5	0	48	7	15 361.6
四　川	416	39	9	341	4	174 766.0
贵　州	110	2	1	104	0	31 575.5
云　南	270	33	1	232	0	50 598.8
西　藏	0	0	0	0	0	0.0
陕　西	87	16	5	61	4	83 578.2
甘　肃	282	16	6	237	0	54 277.7
青　海	138	5	1	130	0	21 832.8
宁　夏	212	14	11	184	0	38 342.0
新　疆	337	37	6	277	0	29 686.7

11

168 个重点城市废气污染排放及治理统计

168个重点城市工业废气排放及治理情况（一）
（2021）

单位：吨

区域	城市	工业废气中污染物排放量			
		二氧化硫	氮氧化物	颗粒物	挥发性有机物
总计		**1 065 190**	**2 078 308**	**1 278 399**	**1 440 716**
京津冀及周边“2+26”城市（28个城市）	北京	1 004	9 590	2 180	13 314
	天津	8 138	24 821	8 189	24 225
	石家庄	7 826	18 189	10 013	9 819
	唐山	44 097	105 876	48 473	31 089
	邯郸	29 582	41 527	16 427	8 789
	邢台	3 770	9 656	5 628	1 944
	保定	2 755	7 885	4 280	4 927
	沧州	5 166	12 370	6 461	14 911
	廊坊	3 067	5 013	3 740	2 181
	衡水	1 302	1 690	1 067	1 990
	太原	8 360	19 351	15 986	11 096
	阳泉	4 056	5 674	1 202	685
	长治	8 515	22 364	11 053	11 642
	晋城	4 331	9 481	4 783	7 310
	济南	9 458	22 763	11 047	11 289
	淄博	4 850	15 963	4 278	24 947
	济宁	6 052	13 151	4 158	8 868
	德州	4 871	9 954	9 791	12 788
	聊城	6 505	14 945	3 954	11 634
	滨州	18 090	23 733	6 509	24 067
	菏泽	9 139	12 662	4 584	20 057
	郑州	5 067	10 691	6 628	5 109
	开封	1 408	1 910	362	356
	安阳	6 719	14 885	7 339	6 045
	鹤壁	1 282	2 310	1 003	499
	新乡	2 435	6 866	3 296	1 285
	焦作	3 731	6 632	2 582	1 958
	濮阳	1 228	2 716	558	2 759
	合计	**212 804**	**452 668**	**205 571**	**275 583**
长三角地区（41个城市）	上海	5 535	21 481	7 557	26 722
	南京	11 136	22 054	19 876	30 138
	无锡	7 097	18 397	8 793	12 921
	徐州	8 701	15 287	8 795	13 990
	常州	5 876	12 233	17 939	12 951
	苏州	21 810	43 464	15 558	30 684
	南通	3 830	8 186	3 802	21 723
	连云港	3 383	6 948	2 685	3 582
	淮安	2 809	6 080	2 528	10 750
	盐城	5 000	8 301	13 831	5 585
	扬州	4 012	12 602	5 073	9 082
	镇江	5 868	9 709	3 085	3 236
	泰州	2 518	6 237	2 071	45 147
	宿迁	2 047	3 275	1 566	2 263

168个重点城市工业废气排放及治理情况（一）（续表）
（2021）

单位：吨

区 域	城 市	工业废气中污染物排放量			
		二氧化硫	氮氧化物	颗粒物	挥发性有机物
长三角地区（41个城市）	杭 州	3 195	13 956	10 768	14 769
	宁 波	8 343	22 182	12 935	28 727
	温 州	3 942	7 426	1 566	21 388
	绍 兴	4 448	10 359	2 749	8 411
	湖 州	4 136	10 291	7 891	12 461
	嘉 兴	4 769	14 057	6 853	37 551
	金 华	3 597	9 476	8 587	10 430
	衢 州	4 421	12 298	6 841	3 576
	台 州	3 119	6 701	4 103	27 938
	丽 水	850	1 866	1 844	6 970
	舟 山	1 408	5 201	1 601	13 053
	合 肥	4 553	9 899	4 594	6 098
	芜 湖	8 806	19 882	12 360	5 789
	蚌 埠	1 885	4 086	717	587
	淮 南	11 362	10 470	2 415	567
	马鞍山	11 003	24 539	10 196	6 520
	淮 北	5 740	7 719	4 255	1 773
	铜 陵	2 066	8 769	8 974	5 904
	安 庆	3 084	5 557	2 578	11 126
	黄 山	490	376	1 272	4 665
	阜 阳	10 403	7 245	3 854	2 240
	宿 州	3 754	5 428	2 600	1 421
	滁 州	4 339	9 432	4 586	3 268
	六 安	2 879	5 759	3 453	1 957
	宣 城	2 267	4 651	5 239	1 729
	池 州	6 950	13 259	7 808	5 961
	亳 州	2 121	2 198	1 326	2 892
	合 计	**213 553**	**447 334**	**255 123**	**476 542**
汾渭平原（11个城市）	吕 梁	19 627	26 263	39 490	21 776
	晋 中	11 272	13 467	14 902	28 769
	临 汾	10 514	12 525	13 224	9 628
	运 城	18 284	29 050	17 607	17 187
	洛 阳	5 606	10 369	4 876	3 613
	三门峡	2 869	5 437	940	284
	西 安	1 154	2 595	802	3 909
	咸 阳	2 865	5 925	6 201	5 977
	宝 鸡	2 502	7 597	3 709	2 173
	铜 川	3 157	8 137	3 970	664
	渭 南	2 895	5 908	98 281	5 385
	合 计	**80 743**	**127 274**	**204 002**	**99 365**
成渝地区（16个城市）	重 庆	41 733	70 029	46 178	42 503
	成 都	3 374	11 201	5 504	22 911
	自 贡	994	1 445	688	334
	泸 州	3 893	5 403	4 203	5 625

168个重点城市工业废气排放及治理情况（一）（续表）
（2021）

单位：吨

区　域	城　市	工业废气中污染物排放量			
		二氧化硫	氮氧化物	颗粒物	挥发性有机物
成渝地区（16个城市）	德　阳	3 712	5 414	5 044	1 781
	绵　阳	2 207	6 278	3 763	3 817
	遂　宁	1 478	2 042	758	776
	内　江	6 940	12 629	4 430	1 550
	乐　山	13 265	26 129	14 508	5 425
	眉　山	2 311	5 419	3 474	1 097
	宜　宾	7 137	10 081	7 841	2 293
	雅　安	1 652	2 341	1 695	213
	资　阳	455	644	466	142
	南　充	865	1 612	1 227	1 276
	广　安	2 464	7 216	6 224	920
	达　州	8 081	12 545	22 276	4 095
	合　计	**100 562**	**180 429**	**128 279**	**94 755**
长江中游城市群（22个城市）	武　汉	8 725	21 541	6 080	12 101
	咸　宁	2 653	7 513	2 184	1 375
	孝　感	3 414	5 637	1 722	1 642
	黄　冈	1 631	6 741	2 747	8 724
	黄　石	7 246	15 927	8 634	3 403
	鄂　州	7 210	8 779	5 004	1 293
	襄　阳	2 838	7 643	3 745	2 282
	宜　昌	8 050	15 593	8 380	6 577
	荆　门	4 024	8 922	4 006	3 388
	荆　州	2 686	4 826	2 130	1 055
	随　州	611	1 079	736	862
	南　昌	4 932	8 184	2 823	2 773
	萍　乡	5 317	10 661	7 737	468
	新　余	10 859	17 097	4 671	2 930
	宜　春	11 419	35 460	9 156	8 132
	九　江	6 534	22 492	8 983	21 114
	长　沙	1 043	3 341	2 303	9 452
	株　洲	4 994	8 277	3 850	2 333
	湘　潭	9 103	14 377	8 264	3 016
	岳　阳	2 858	6 294	5 098	5 656
	常　德	2 785	6 677	3 765	1 513
	益　阳	1 526	4 411	2 575	410
	合　计	**110 458**	**241 471**	**104 593**	**100 500**
珠三角地区（9个城市）	广　州	1 822	12 206	4 736	26 851
	深　圳	1 560	4 972	1 065	16 608
	珠　海	2 121	5 514	2 589	11 331
	佛　山	2 962	12 202	4 265	20 073
	江　门	2 322	11 620	3 250	14 618
	肇　庆	2 376	16 165	5 084	4 224
	惠　州	5 959	16 883	5 136	20 428
	东　莞	4 135	11 296	3 980	25 676

168个重点城市工业废气排放及治理情况（一）（续表）
（2021）

单位：吨

区　域	城　市	工业废气中污染物排放量			
		二氧化硫	氮氧化物	颗粒物	挥发性有机物
珠三角地区（9个城市）	中　山	10 026	8 664	1 126	12 269
	合　计	**33 282**	**99 523**	**31 233**	**152 078**
其他城市（41个城市）	秦皇岛	5 597	12 950	13 160	4 994
	张家口	8 819	14 757	3 666	1 551
	承　德	11 225	19 259	13 575	1 331
	大　同	6 230	12 345	8 893	867
	朔　州	4 203	10 159	20 696	662
	忻　州	8 422	13 004	37 495	4 188
	呼和浩特	10 233	17 520	6 144	8 063
	包　头	30 257	45 904	32 983	2 892
	沈　阳	8 643	16 805	3 584	15 136
	大　连	9 267	23 750	7 609	20 564
	锦　州	5 945	6 702	6 322	2 419
	朝　阳	10 533	16 410	15 773	2 007
	葫芦岛	3 464	6 542	3 416	1 658
	长　春	14 452	21 838	7 821	6 812
	哈尔滨	7 172	17 177	6 136	3 619
	青　岛	2 897	8 387	2 724	11 116
	枣　庄	2 692	8 095	5 176	8 202
	东　营	7 532	16 870	2 256	20 582
	潍　坊	6 327	17 944	6 876	21 549
	泰　安	8 558	11 500	6 356	5 674
	日　照	7 169	20 095	11 946	9 288
	临　沂	12 301	27 924	12 471	15 104
	平顶山	5 255	6 447	11 233	4 267
	许　昌	3 081	5 605	4 037	579
	漯　河	586	1 152	156	325
	南　阳	2 876	5 744	3 448	457
	商　丘	3 581	4 013	2 120	622
	信　阳	1 663	3 050	2 029	426
	周　口	2 938	2 812	609	769
	驻马店	888	1 784	1 253	325
	福　州	12 635	28 970	18 922	15 838
	厦　门	402	2 473	556	5 448
	南　宁	2 761	11 700	6 649	3 673
	海　口	266	188	32	559
	贵　阳	11 123	8 436	4 963	1 813
	昆　明	19 075	23 666	22 991	14 694
	拉　萨	398	1 579	1 730	157
	兰　州	12 922	15 039	5 245	7 533
	西　宁	26 792	11 793	8 629	1 522
	银　川	7 830	14 366	4 476	2 995
	乌鲁木齐	6 779	14 855	15 441	11 613
	合　计	**313 789**	**529 609**	**349 597**	**241 893**

168个重点城市工业废气排放及治理情况（二）
（2021）

区　域	城　市	废气治理设施数量/套	脱硫设施	脱硝设施	除尘设施	VOCs治理设施	废气治理设施运行费用/万元
总　计		**292 286**	**20 867**	**18 252**	**130 674**	**87 499**	**16 479 181.5**
京津冀及周边“2+26”城市（28个城市）	北　京	3 483	38	446	1 514	1 124	75 322.1
	天　津	7 626	274	306	3 282	3 067	387 871.5
	石家庄	4 239	179	331	1 940	1 276	205 083.6
	唐　山	5 629	407	591	3 884	401	973 164.0
	邯　郸	1 651	162	151	811	207	318 857.9
	邢　台	3 193	153	223	1 664	892	137 092.2
	保　定	3 851	157	195	1 636	1 456	99 985.5
	沧　州	4 852	179	315	2 346	1 555	197 815.5
	廊　坊	2 973	120	229	1 269	1 052	47 765.5
	衡　水	4 455	81	153	2 031	1 670	39 118.5
	太　原	991	47	58	752	119	222 193.0
	阳　泉	738	162	82	462	22	32 316.9
	长　治	1 050	157	92	675	38	108 925.6
	晋　城	1 142	136	169	706	76	21 694.8
	济　南	3 981	229	632	2 058	851	383 141.9
	淄　博	5 592	418	643	2 862	1 213	220 468.0
	济　宁	2 247	155	195	1 125	585	131 380.4
	德　州	3 087	163	306	1 472	886	174 747.2
	聊　城	3 349	180	454	1 723	723	192 442.4
	滨　州	2 623	313	310	1 115	660	232 054.4
	菏　泽	1 985	333	291	851	424	98 036.7
	郑　州	2 693	233	365	1 362	511	125 508.7
	开　封	526	57	43	225	163	14 404.0
	安　阳	1 610	158	174	1 028	165	193 288.1
	鹤　壁	644	61	73	273	212	39 709.8
	新　乡	1 569	90	126	817	427	51 755.6
	焦　作	1 407	142	153	649	370	83 778.9
	濮　阳	735	51	58	308	268	21 844.8
	合　计	**77 921**	**4 835**	**7 164**	**38 840**	**20 413**	**4 829 767.5**
长三角地区（41个城市）	上　海	5 535	21 481	7 557	26 722	上　海	5 535
	南　京	11 136	22 054	19 876	30 138	南　京	11 136
	无　锡	7 097	18 397	8 793	12 921	无　锡	7 097
	徐　州	8 701	15 287	8 795	13 990	徐　州	8 701
	常　州	5 876	12 233	17 939	12 951	常　州	5 876
	苏　州	21 810	43 464	15 558	30 684	苏　州	21 810
	南　通	3 830	8 186	3 802	21 723	南　通	3 830
	连云港	3 383	6 948	2 685	3 582	连云港	3 383
	淮　安	2 809	6 080	2 528	10 750	淮　安	2 809
	盐　城	5 000	8 301	13 831	5 585	盐　城	5 000
	扬　州	4 012	12 602	5 073	9 082	扬　州	4 012
	镇　江	5 868	9 709	3 085	3 236	镇　江	5 868
	泰　州	2 518	6 237	2 071	45 147	泰　州	2 518
	宿　迁	2 047	3 275	1 566	2 263	宿　迁	2 047

168个重点城市工业废气排放及治理情况（二）（续表）
（2021）

区 域	城 市	废气治理设施数量/套	脱硫设施	脱硝设施	除尘设施	VOCs治理设施	废气治理设施运行费用/万元
长三角地区（41个城市）	杭 州	3 140	155	134	1 087	1 172	128 073.8
	宁 波	2 259	153	80	771	816	253 257.6
	温 州	5 174	235	118	1 152	2 443	133 206.1
	绍 兴	3 150	156	70	759	1 374	108 412.1
	湖 州	3 130	148	77	1 243	1 232	77 612.6
	嘉 兴	3 826	131	111	1 325	1 709	152 382.6
	金 华	3 947	138	43	1 874	1 508	162 367.5
	衢 州	1 371	99	48	594	425	105 317.7
	台 州	4 358	88	44	2 029	1 694	133 107.6
	丽 水	1 285	52	21	583	476	26 256.7
	舟 山	151	19	8	63	40	22 623.0
	合 肥	2 064	73	41	802	719	90 482.2
	芜 湖	1 442	69	84	649	503	97 575.8
	蚌 埠	608	67	55	318	144	14 888.5
	淮 南	414	78	38	229	46	139 689.6
	马鞍山	1 502	95	37	973	273	228 286.4
	淮 北	1 310	117	77	800	218	66 636.0
	铜 陵	597	58	21	375	97	86 110.6
	安 庆	658	57	27	337	192	19 970.7
	黄 山	367	4	4	196	140	3 920.9
	阜 阳	1 260	168	90	684	265	44 251.5
	宿 州	910	87	64	502	221	35 487.6
	滁 州	1 266	121	75	539	382	33 732.6
	六 安	760	46	23	481	97	52 924.1
	宣 城	1 749	190	87	873	390	34 975.5
	池 州	1 844	118	31	1 377	223	42 651.3
	亳 州	518	70	41	295	84	13 766.4
	合 计	**87 366**	**4 084**	**2 799**	**34 520**	**32 146**	**4 996 894.5**
汾渭平原（11个城市）	吕 梁	1 617	197	197	1 048	117	154 727.2
	晋 中	1 389	157	105	969	130	99 287.6
	临 汾	1 390	113	89	1 114	55	97 866.3
	运 城	2 281	273	190	1 455	249	170 098.0
	洛 阳	1 249	119	109	753	190	119 174.6
	三门峡	495	72	63	296	34	43 900.1
	西 安	1 179	38	92	385	423	22 415.1
	咸 阳	703	69	55	316	184	27 646.6
	宝 鸡	764	85	59	460	98	35 033.3
	铜 川	314	30	11	228	25	12 548.7
	渭 南	647	72	65	294	161	40 955.3
	合 计	**12 028**	**1 225**	**1 035**	**7 318**	**1 666**	**823 652.9**
成渝地区（16个城市）	重 庆	5 255	590	203	2 443	1 150	277 247.0
	成 都	6 825	181	414	2 852	2 822	129 946.6
	自 贡	530	57	8	239	155	6 052.1
	泸 州	881	130	45	435	224	25 121.2

168个重点城市工业废气排放及治理情况（二）（续表）
（2021）

区域	城市	废气治理设施数量/套	脱硫设施	脱硝设施	除尘设施	VOCs治理设施	废气治理设施运行费用/万元
成渝地区（16个城市）	德阳	758	97	29	404	168	27 846.3
	绵阳	929	116	30	485	201	16 737.6
	遂宁	360	73	11	120	91	9 269.6
	内江	351	83	17	196	33	49 663.7
	乐山	682	137	68	333	81	35 262.1
	眉山	798	129	29	364	201	17 998.5
	宜宾	535	123	28	275	90	35 182.9
	雅安	320	50	6	204	29	11 845.1
	资阳	263	49	4	102	69	2 669.9
	南充	638	121	10	365	114	6 198.2
	广安	303	78	23	136	57	26 336.4
	达州	399	139	16	170	27	29 405.2
	合计	**19 827**	**2 153**	**941**	**9 123**	**5 512**	**706 782.3**
长江中游城市群（22个城市）	武汉	2 368	81	55	1 163	661	194 197.3
	咸宁	586	32	19	334	161	27 379.3
	孝感	403	67	22	181	89	42 855.2
	黄冈	641	44	24	333	181	14 794.8
	黄石	1 013	105	37	618	133	115 934.5
	鄂州	429	16	14	324	55	96 524.4
	襄阳	1 305	96	49	754	296	31 868.6
	宜昌	655	100	30	368	105	44 519.6
	荆门	496	86	47	218	103	50 449.0
	荆州	786	64	77	409	149	35 913.2
	随州	256	16	4	130	84	5 823.2
	南昌	1 182	39	6	700	323	42 013.3
	萍乡	526	73	20	366	32	43 512.7
	新余	584	72	16	367	68	107 045.6
	宜春	1 665	348	76	865	243	77 898.7
	九江	1 378	173	50	687	337	100 969.6
	长沙	1 111	87	48	467	361	22 640.9
	株洲	778	120	13	404	204	24 804.4
	湘潭	602	59	24	302	167	28 855.5
	岳阳	702	136	34	326	157	61 657.4
	常德	516	89	53	283	76	26 081.8
	益阳	377	48	19	231	55	17 814.6
	合计	**18 359**	**1 951**	**737**	**9 830**	**4 040**	**1 213 553.7**
珠三角地区（9个城市）	广州	5 258	99	86	1 727	2 589	152 043.2
	深圳	5 104	246	50	353	1 816	101 617.5
	珠海	2 813	68	38	1 013	1 202	81 842.3
	佛山	2 974	135	71	851	1 325	110 155.9
	江门	2 029	108	52	694	787	43 129.7
	肇庆	1 286	130	71	513	385	43 931.0
	惠州	1 949	153	61	702	683	67 315.3
	东莞	8 399	243	101	1 962	4 895	151 885.2

168个重点城市工业废气排放及治理情况（二）（续表）
（2021）

区　域	城　市	废气治理设施数量/套	脱硫设施	脱硝设施	除尘设施	VOCs治理设施	废气治理设施运行费用/万元
珠三角地区（9个城市）	中　山	2 795	63	28	728	1 595	25 392.5
	合　计	**32 607**	**1 245**	**558**	**8 543**	**15 277**	**777 312.7**
其他城市（41个城市）	秦皇岛	1 339	120	128	753	233	147 723.4
	张家口	892	148	103	494	80	104 998.3
	承　德	825	108	60	589	26	96 779.5
	大　同	1 730	303	229	1 118	56	47 125.3
	朔　州	496	128	52	285	13	64 107.6
	忻　州	856	108	389	336	9	34 171.6
	呼和浩特	612	143	118	305	22	78 022.4
	包　头	729	79	43	559	20	211 215.1
	沈　阳	2 359	353	329	1 040	470	74 982.4
	大　连	2 067	344	253	884	441	119 337.6
	锦　州	695	100	55	483	42	26 252.8
	朝　阳	918	160	38	671	31	70 332.7
	葫芦岛	437	103	50	244	27	17 694.6
	长　春	1 517	275	81	872	222	56 235.2
	哈尔滨	909	155	202	467	50	61 432.4
	青　岛	2 536	166	230	1 104	852	147 575.9
	枣　庄	1 236	109	101	617	354	78 799.1
	东　营	1 145	159	153	369	414	133 398.3
	潍　坊	4 779	358	713	1 982	1 276	310 317.6
	泰　安	1 317	153	135	660	239	77 978.6
	日　照	1 040	81	116	567	180	249 287.2
	临　沂	3 893	355	431	1 859	1 043	186 717.7
	平顶山	696	100	44	408	123	42 373.6
	许　昌	687	76	39	322	208	35 376.6
	漯　河	167	33	10	66	41	10 773.7
	南　阳	605	69	48	361	87	36 326.4
	商　丘	723	97	131	321	149	45 506.3
	信　阳	510	73	35	293	74	15 896.9
	周　口	339	75	40	123	80	18 456.1
	驻马店	498	71	30	238	124	14 594.5
	福　州	1 620	155	96	859	429	114 717.4
	厦　门	1 244	42	49	480	460	48 468.2
	南　宁	431	73	22	228	62	23 665.5
	海　口	104	0	0	57	31	906.1
	贵　阳	382	52	19	148	90	18 432.3
	昆　明	1 316	198	54	831	147	78 742.3
	拉　萨	89	10	4	69	0	3 946.2
	兰　州	870	104	208	489	49	51 024.8
	西　宁	524	36	21	333	74	46 564.8
	银　川	603	55	79	395	54	87 475.8
	乌鲁木齐	443	47	80	221	63	43 484.9
	合　计	**44 178**	**5 374**	**5 018**	**22 500**	**8 445**	**3 131 217.7**

168个重点城市生活废气排放情况
（2021）

单位：吨

区域	城市	生活废气中污染物排放量			
		二氧化硫	氮氧化物	颗粒物	挥发性有机物
总计		**332 720**	**224 973**	**1 029 783**	**1 227 031**
京津冀及周边“2+26”城市（28个城市）	北京	415	8 333	2 800	26 382
	天津	345	3 697	3 743	16 455
	石家庄	3 166	4 101	16 042	14 301
	唐山	15 862	10 194	79 442	20 604
	邯郸	8 041	5 730	40 322	15 722
	邢台	822	1 718	4 222	8 023
	保定	1 518	3 163	7 799	12 646
	沧州	1 781	2 659	9 054	9 364
	廊坊	349	1 898	1 896	6 425
	衡水	1 063	1 624	5 410	5 265
	太原	263	1 264	766	6 418
	阳泉	2 091	763	5 245	2 182
	长治	8 368	2 528	20 941	6 458
	晋城	2 818	1 534	7 115	3 492
	济南	4 141	2 390	11 148	12 534
	淄博	5 813	2 255	15 550	7 590
	济宁	4 875	1 479	13 005	10 679
	德州	2 250	1 153	6 045	6 838
	聊城	1 425	1 185	3 870	6 850
	滨州	1 500	791	4 032	4 952
	菏泽	1 313	578	3 518	9 454
	郑州	100	1 700	334	15 084
	开封	…	197	18	4 793
	安阳	50	428	129	5 615
	鹤壁	…	140	13	1 652
	新乡	567	250	1 043	6 579
	焦作	107	225	212	3 625
	濮阳	…	185	17	3 924
	合计	**69 043**	**62 162**	**263 731**	**253 906**
长三角地区（41个城市）	上海	220	4 765	1 301	27 646
	南京	1	1 798	165	11 489
	无锡	1	1 171	110	9 106
	徐州	4	187	33	9 991
	常州	70	249	300	6 470
	苏州	…	732	67	16 224
	南通	…	263	25	9 060
	连云港	972	736	3 915	5 620
	淮安	970	1 020	3 931	5 556
	盐城	261	271	1 057	7 514
	扬州	509	333	2 046	5 408
	镇江	675	477	2 717	4 046
	泰州	504	281	2 020	5 369
	宿迁	155	838	690	5 575

168个重点城市生活废气排放情况（续表）

（2021）

单位：吨

区　域	城　市	生活废气中污染物排放量			
		二氧化硫	氮氧化物	颗粒物	挥发性有机物
长三角地区（41个城市）	杭　州	80	387	262	14 351
	宁　波	193	420	583	11 896
	温　州	96	179	289	11 440
	绍　兴	175	255	518	6 580
	湖　州	18	69	56	4 060
	嘉　兴	84	166	253	6 622
	金　华	74	580	261	8 806
	衢　州	46	454	170	2 652
	台　州	28	76	86	7 943
	丽　水	43	34	124	2 799
	舟　山	70	122	209	1 330
	合　肥	599	1 679	6 081	11 437
	芜　湖	91	796	974	3 953
	蚌　埠	123	4 827	1 642	3 849
	淮　南	19	136	205	3 037
	马鞍山	33	230	343	2 261
	淮　北	112	182	1 128	2 196
	铜　陵	220	309	2 204	1 668
	安　庆	75	217	757	4 306
	黄　山	179	207	1 786	1 634
	阜　阳	32	302	342	7 972
	宿　州	201	323	2 022	5 484
	滁　州	1 637	2 220	16 404	6 426
	六　安	95	308	966	4 508
	宣　城	27	50	269	2 648
	池　州	23	73	235	1 377
	亳　州	245	405	2 462	5 245
	合　计	**8 959**	**28 126**	**59 007**	**275 554**
汾渭平原（11个城市）	吕　梁	5 171	1 834	12 965	5 345
	晋　中	4 218	1 339	10 561	5 159
	临　汾	3 226	1 288	8 101	5 307
	运　城	5 440	2 053	13 651	7 017
	洛　阳	1 557	497	2 848	7 766
	三门峡	198	86	364	2 217
	西　安	3 726	5 554	11 043	17 448
	咸　阳	1 150	562	3 304	4 881
	宝　鸡	2 238	735	6 398	4 445
	铜　川	2 975	1 109	8 516	2 039
	渭　南	854	949	2 501	5 299
	合　计	**30 754**	**16 004**	**80 251**	**66 924**
成渝地区（16个城市）	重　庆	8 856	6 530	10 910	36 694
	成　都	2 027	5 072	3 549	25 545
	自　贡	20	375	65	2 625
	泸　州	2 204	571	3 408	4 958

168个重点城市生活废气排放情况（续表）
（2021）

单位：吨

区域	城市	生活废气中污染物排放量			
		二氧化硫	氮氧化物	颗粒物	挥发性有机物
成渝地区（16个城市）	德阳	1 079	984	1 733	4 083
	绵阳	66	1 506	237	5 443
	遂宁	753	1 141	1 251	4 568
	内江	3 934	972	6 080	4 172
	乐山	155	925	320	3 482
	眉山	2 047	1 129	3 221	3 689
	宜宾	260	665	457	4 886
	雅安	471	142	731	1 642
	资阳	1 342	454	2 086	2 686
	南充	3 005	2 561	4 810	6 634
	广安	1 658	665	2 586	3 734
	达州	436	555	715	5 572
	合计	**28 315**	**24 247**	**42 159**	**120 413**
长江中游城市群（22个城市）	武汉	9 701	4 134	19 583	19 266
	咸宁	1 270	387	2 549	3 106
	孝感	8 173	1 920	16 356	6 716
	黄冈	2 150	699	4 321	6 561
	黄石	1 700	439	3 405	3 069
	鄂州	465	158	935	1 226
	襄阳	960	523	1 949	5 972
	宜昌	2 100	727	4 224	4 986
	荆门	125	222	267	2 805
	荆州	2 627	753	5 269	6 142
	随州	5 762	1 370	11 533	3 837
	南昌	215	517	473	7 339
	萍乡	10 633	2 627	21 292	5 151
	新余	164	85	332	1 358
	宜春	80	115	169	5 356
	九江	96	238	211	4 940
	长沙	1 387	944	3 519	12 758
	株洲	1 914	917	4 820	4 951
	湘潭	3 482	1 293	8 735	4 261
	岳阳	3 983	1 440	9 989	6 912
	常德	3 219	1 242	8 081	6 786
	益阳	2 606	818	6 525	5 033
	合计	**62 810**	**21 569**	**134 536**	**128 530**
珠三角地区（9个城市）	广州	839	1 645	2 521	17 812
	深圳	…	845	77	16 990
	珠海	55	83	163	2 724
	佛山	267	732	821	10 623
	江门	50	189	159	4 795
	肇庆	177	119	512	3 967
	惠州	68	482	237	6 291
	东莞	4 386	1 834	12 574	13 566

168个重点城市生活废气排放情况（续表）
（2021）

单位：吨

区域	城市	生活废气中污染物排放量			
		二氧化硫	氮氧化物	颗粒物	挥发性有机物
珠三角地区（9个城市）	中　山	…	327	30	4 773
	合　计	**5 843**	**6 256**	**17 095**	**81 540**
其他城市（41个城市）	秦皇岛	3 120	2 059	15 628	5 775
	张家口	1 682	1 368	8 448	5 656
	承　德	5 557	3 179	27 795	7 596
	大　同	3 300	1 154	8 273	4 604
	朔　州	2 172	734	5 443	2 473
	忻　州	6 027	1 701	15 073	4 930
	呼和浩特	1 082	931	5 441	5 051
	包　头	3 446	3 311	17 358	5 747
	沈　阳	2 680	1 611	6 780	12 157
	大　连	2 770	948	6 941	9 723
	锦　州	19 008	6 023	47 591	10 033
	朝　阳	5 126	1 427	12 818	4 963
	葫芦岛	4 544	1 387	11 373	4 641
	长　春	9 316	5 081	37 353	15 540
	哈尔滨	26 339	14 837	131 729	30 968
	青　岛	2 880	1 754	7 763	12 955
	枣　庄	1 500	510	4 006	4 753
	东　营	300	112	803	2 736
	潍　坊	3 604	1 654	9 665	11 939
	泰　安	2 186	1 145	5 876	6 507
	日　照	1 875	900	5 032	4 047
	临　沂	1 775	1 415	4 815	12 769
	平顶山	1 309	588	2 409	5 400
	许　昌	633	347	1 171	4 611
	漯　河	165	194	315	2 488
	南　阳	550	258	1 014	9 661
	商　丘	274	251	515	7 851
	信　阳	408	521	781	6 200
	周　口	245	388	476	8 646
	驻马店	54	251	119	6 697
	福　州	715	700	1 480	8 048
	厦　门	83	90	172	5 543
	南　宁	1 114	610	2 261	9 362
	海　口	…	310	28	3 110
	贵　阳	2 391	374	2 665	6 988
	昆　明	5 936	2 201	9 995	11 364
	拉　萨	124	76	195	1 079
	兰　州	2 165	2 072	8 762	5 756
	西　宁	230	1 162	2 381	3 199
	银　川	20	934	185	3 375
	乌鲁木齐	287	2 039	2 077	5 220
	合　计	**126 992**	**66 607**	**433 005**	**300 161**

168个重点城市移动源废气排放情况
（2021）

单位：吨

区域	城市	移动源废气中污染物排放量		
		氮氧化物	颗粒物	挥发性有机物
总 计		**4 257 043**	**46 745**	**1 413 266**
京津冀及周边“2+26”城市（28个城市）	北 京	64 118	437	34 595
	天 津	78 622	897	24 814
	石家庄	91 535	764	19 804
	唐 山	75 651	606	16 798
	邯 郸	59 694	559	12 492
	邢 台	49 371	449	10 268
	保 定	63 923	661	16 934
	沧 州	78 878	694	12 743
	廊 坊	16 297	280	9 156
	衡 水	24 523	276	5 755
	太 原	18 227	215	12 412
	阳 泉	7 918	67	2 231
	长 治	8 326	85	4 500
	晋 城	7 992	84	3 423
	济 南	30 628	386	20 569
	淄 博	22 615	266	8 649
	济 宁	77 344	815	12 485
	德 州	18 938	223	7 730
	聊 城	35 280	290	7 806
	滨 州	26 193	275	6 839
	菏 泽	28 484	321	8 715
	郑 州	59 823	791	31 022
	开 封	4 940	75	3 997
	安 阳	30 988	493	9 828
	鹤 壁	9 633	76	2 009
	新 乡	13 786	172	8 231
	焦 作	34 293	291	4 192
	濮 阳	24 346	221	4 987
	合 计	**1 062 366**	**10 769**	**322 984**
长三角地区（41个城市）	上 海	109 056	913	23 126
	南 京	43 396	389	14 522
	无 锡	34 931	322	11 840
	徐 州	37 112	444	10 217
	常 州	20 216	191	7 857
	苏 州	66 740	694	22 888
	南 通	17 857	229	10 220
	连云港	20 722	230	4 605
	淮 安	14 656	159	3 966
	盐 城	28 555	321	6 521
	扬 州	16 443	193	5 481
	镇 江	10 225	103	3 718
	泰 州	14 562	146	5 065
	宿 迁	19 973	275	5 414

168个重点城市移动源废气排放情况（续表）
（2021）

单位：吨

区 域	城 市	移动源废气中污染物排放量		
		氮氧化物	颗粒物	挥发性有机物
长三角地区（41个城市）	杭 州	71 823	691	18 794
	宁 波	57 570	602	16 733
	温 州	20 708	245	14 152
	绍 兴	17 639	204	8 899
	湖 州	11 879	140	5 281
	嘉 兴	18 935	209	9 156
	金 华	20 097	370	13 892
	衢 州	13 369	146	3 129
	台 州	18 474	263	11 104
	丽 水	6 502	84	3 206
	舟 山	6 245	62	1 291
	合 肥	25 740	308	12 079
	芜 湖	11 966	133	3 499
	蚌 埠	10 336	195	3 895
	淮 南	13 265	149	2 660
	马鞍山	8 541	89	2 252
	淮 北	12 730	132	2 134
	铜 陵	4 375	51	1 346
	安 庆	9 077	118	4 040
	黄 山	7 033	54	1 639
	阜 阳	53 210	597	7 170
	宿 州	29 394	298	4 179
	滁 州	23 025	227	3 452
	六 安	24 141	248	4 080
	宣 城	13 370	144	3 016
	池 州	4 605	46	1 173
	亳 州	43 110	435	4 588
	合 计	**1 011 602**	**10 849**	**302 278**
汾渭平原（11个城市）	吕 梁	17 272	83	5 571
	晋 中	45 228	645	6 642
	临 汾	35 834	277	8 352
	运 城	30 922	293	7 049
	洛 阳	16 805	170	8 887
	三门峡	25 843	142	5 724
	西 安	34 260	342	23 133
	咸 阳	10 933	57	3 734
	宝 鸡	5 928	52	2 764
	铜 川	1 447	17	673
	渭 南	13 979	146	4 729
	合 计	**238 451**	**2 224**	**77 258**
成渝地区（16个城市）	重 庆	80 952	941	32 995
	成 都	62 459	593	29 568
	自 贡	3 873	39	2 024
	泸 州	7 014	87	3 258

168个重点城市移动源废气排放情况（续表）
（2021）

单位：吨

区　域	城　市	移动源废气中污染物排放量		
		氮氧化物	颗粒物	挥发性有机物
成渝地区（16个城市）	德　阳	7 363	91	3 573
	绵　阳	9 125	108	5 006
	遂　宁	4 709	53	2 043
	内　江	5 719	53	2 472
	乐　山	8 332	83	3 303
	眉　山	5 527	70	2 885
	宜　宾	6 255	69	3 542
	雅　安	4 080	49	1 529
	资　阳	2 795	35	1 529
	南　充	12 986	157	4 655
	广　安	3 265	38	1 909
	达　州	6 781	112	4 162
	合　计	**231 234**	**2 579**	**104 453**
长江中游城市群（22个城市）	武　汉	55 783	701	20 339
	咸　宁	9 717	130	2 039
	孝　感	6 431	77	2 206
	黄　冈	11 406	185	3 956
	黄　石	8 167	101	1 846
	鄂　州	1 909	24	585
	襄　阳	31 247	425	5 541
	宜　昌	14 536	209	5 140
	荆　门	16 369	186	2 881
	荆　州	12 186	160	3 891
	随　州	20 516	224	2 014
	南　昌	15 052	232	6 498
	萍　乡	4 136	53	1 992
	新　余	6 783	83	1 452
	宜　春	67 806	601	5 840
	九　江	10 494	166	4 523
	长　沙	23 748	295	15 293
	株　洲	5 988	80	3 678
	湘　潭	4 511	53	2 570
	岳　阳	9 276	127	4 391
	常　德	12 067	156	4 642
	益　阳	9 735	123	3 517
	合　计	**357 861**	**4 390**	**104 834**
珠三角地区（9个城市）	广　州	74 606	893	16 770
	深　圳	73 933	702	17 140
	珠　海	10 866	120	4 070
	佛　山	32 829	417	16 580
	江　门	14 453	164	7 719
	肇　庆	12 028	140	5 170
	惠　州	17 065	182	7 625
	东　莞	40 082	422	19 203

168个重点城市移动源废气排放情况（续表）

（2021）

单位：吨

区域	城市	移动源废气中污染物排放量		
		氮氧化物	颗粒物	挥发性有机物
珠三角地区（9个城市）	中山	10 383	149	7 810
	合计	**286 246**	**3 189**	**102 087**
其他城市（41个城市）	秦皇岛	15 371	160	5 690
	张家口	32 005	279	7 828
	承德	18 776	208	4 858
	大同	32 790	342	9 941
	朔州	9 082	86	1 899
	忻州	24 533	228	3 624
	呼和浩特	32 187	305	11 964
	包头	19 373	131	7 305
	沈阳	39 782	546	26 183
	大连	36 948	513	13 280
	锦州	37 067	334	10 440
	朝阳	13 765	254	6 726
	葫芦岛	18 224	233	4 941
	长春	40 408	941	23 649
	哈尔滨	39 309	478	20 942
	青岛	60 630	668	19 875
	枣庄	20 115	184	6 201
	东营	16 971	166	5 182
	潍坊	44 012	500	17 304
	泰安	31 219	456	9 291
	日照	18 102	188	5 776
	临沂	83 147	965	18 449
	平顶山	31 054	572	7 065
	许昌	10 904	125	4 500
	漯河	13 428	172	3 258
	南阳	19 944	250	8 976
	商丘	13 204	262	8 796
	信阳	11 626	299	7 715
	周口	39 335	417	7 139
	驻马店	26 397	277	7 500
	福州	21 777	244	8 924
	厦门	17 861	185	8 230
	南宁	31 144	389	14 419
	海口	7 371	146	4 343
	贵阳	22 302	241	8 452
	昆明	35 025	346	17 280
	拉萨	12 041	77	4 946
	兰州	18 163	147	7 990
	西宁	17 287	109	7 825
	银川	18 483	151	8 481
	乌鲁木齐	18 117	170	12 180
	合计	**1 069 279**	**12 744**	**399 367**

12

重点流域工业废水污染排放及治理统计

重点流域工业重点调查单位废水排放及治理情况（一）
（2021）

单位：吨

流 域	地 区	工业废水中污染物排放量			
		化学需氧量	氨氮	总氮	总磷
总 计		**152 337.8**	**7 074.5**	**34 098.4**	**1 166.1**
辽河	内蒙古	1 042.2	25.8	204.5	4.2
	辽 宁	5 487.4	238.4	1 272.7	53.0
	吉 林	203.3	5.9	58.7	1.4
	合 计	**6 732.9**	**270.2**	**1 535.9**	**58.5**
海河	北 京	936.2	15.9	429.8	6.3
	天 津	1 797.5	48.3	613.7	16.4
	河 北	7 845.1	420.2	1 980.2	80.7
	山 西	733.5	31.9	89.6	2.2
	内蒙古	251.0	2.1	4.7	…
	山 东	14 514.9	467.7	3 846.3	109.7
	河 南	2 565.0	119.2	604.2	14.8
	合 计	**28 643.1**	**1 105.2**	**7 568.6**	**230.2**
淮河	江 苏	20 317.9	774.7	2 928.1	122.1
	安 徽	3 202.7	309.4	783.0	27.3
	山 东	8 155.8	348.5	2 119.4	76.9
	河 南	4 630.1	179.0	1 084.6	34.4
	合 计	**36 306.4**	**1 611.7**	**6 915.2**	**260.7**
松花江	内蒙古	323.4	7.8	65.3	3.2
	吉 林	2 877.2	105.6	720.3	18.2
	黑龙江	5 524.7	470.9	1 585.0	43.4
	合 计	**8 725.3**	**584.3**	**2 370.6**	**64.8**
长江中下游	上 海	6 400.5	160.1	1 928.8	31.5
	江 苏	5 303.4	175.7	1 291.0	38.6
	安 徽	5 042.0	174.1	1 100.2	67.8
	江 西	15 659.7	1 013.5	2 792.8	121.2
	河 南	901.1	36.6	129.8	5.1
	湖 北	10 018.5	593.6	2 247.3	69.2
	湖 南	12 466.3	595.9	2 008.1	103.2
	广 西	64.8	2.5	11.6	2.3
	合 计	**55 856.3**	**2 752.2**	**11 509.6**	**438.9**
黄河中上游	山 西	2 504.4	87.8	629.8	23.2
	内蒙古	2 628.8	187.9	951.2	14.0
	河 南	2 233.4	137.1	764.8	19.0
	陕 西	4 825.5	193.2	856.5	30.2
	甘 肃	1 489.2	59.6	503.8	13.1
	青 海	157.5	12.1	20.6	0.3
	宁 夏	2 235.1	73.2	471.7	13.2
	合 计	**16 073.8**	**750.9**	**4 198.4**	**113.0**

重点流域工业重点调查单位废水排放及治理情况（二）
（2021）

流　域	地　区	废水治理设施数/套	废水治理设施治理能力/（万吨/日）	废水治理设施运行费用/万元
总　计		**27 622**	**8 621.8**	**3 106 786.1**
辽河	内蒙古	241	41.6	23 136.8
	辽　宁	1 072	828.2	191 329.4
	吉　林	70	12.4	3 276.3
	合　计	**1 383**	**882.2**	**217 742.5**
海河	北　京	379	31.4	16 985.9
	天　津	897	67.2	66 535.3
	河　北	2 424	1 731.4	241 827.9
	山　西	250	57.4	13 329.8
	内蒙古	28	3.2	2 754.1
	山　东	1 840	399.6	303 666.6
	河　南	546	241.4	77 418.3
	合　计	**6 364**	**2 531.7**	**722 517.9**
淮河	江　苏	1 664	360.0	176 923.0
	安　徽	1 063	208.1	69 049.9
	山　东	1 096	240.1	135 087.6
	河　南	821	257.2	60 320.5
	合　计	**4 644**	**1 065.5**	**441 381.0**
松花江	内蒙古	117	23.6	17 508.0
	吉　林	295	75.3	27 484.6
	黑龙江	741	558.1	131 033.6
	合　计	**1 153**	**657.0**	**176 026.1**
长江中下游	上　海	1 639	155.8	157 633.8
	江　苏	1 018	207.8	94 953.7
	安　徽	972	465.9	140 297.8
	江　西	2 970	630.0	247 898.9
	河　南	90	23.1	10 014.0
	湖　北	1 731	551.0	193 176.7
	湖　南	1 902	241.8	130 533.2
	广　西	22	3.7	226.8
	合　计	**10 344**	**2 279.0**	**974 734.8**
黄河中上游	山　西	1 037	337.5	101 916.6
	内蒙古	621	329.3	221 500.9
	河　南	543	207.7	52 650.3
	陕　西	794	197.7	106 628.3
	甘　肃	392	55.8	36 351.5
	青　海	46	7.0	3 137.2
	宁　夏	301	71.4	52 198.9
	合　计	**3 734**	**1 206.4**	**574 383.8**

重点流域工业重点调查单位污染防治投资情况
（2021）

流　域	地　区	工业废水治理施工项目数/个	工业废水治理竣工项目数/个	工业废水治理施工项目本年完成投资/万元	工业废水治理竣工项目新增处理能力/（万吨/日）
总　计		**238**	**158**	**188 582.0**	**47.4**
辽　河	内蒙古	4	2	755.6	5.5
	辽　宁	7	6	1 835.1	0.5
	吉　林	0	0	0.0	0.0
	合　计	**11**	**8**	**2 590.7**	**6.0**
海　河	北　京	3	1	354.9	…
	天　津	1	0	600.0	…
	河　北	5	4	1 081.0	0.1
	山　西	1	1	1 404.0	0.1
	内蒙古	0	0	0.0	0.0
	山　东	11	9	11 840.9	1.0
	河　南	1	1	450.0	1.0
	合　计	**22**	**16**	**15 730.8**	**2.3**
淮　河	江　苏	5	3	2 476.0	0.1
	安　徽	5	1	2 737.0	0.1
	山　东	15	12	36 661.6	2.5
	河　南	1	0	2.0	…
	合　计	**26**	**16**	**41 876.6**	**2.7**
松花江	内蒙古	2	0	1 455.8	3.9
	吉　林	1	1	0.8	…
	黑龙江	8	5	6 838.9	5.3
	合　计	**11**	**6**	**8 295.5**	**9.2**
长江中下游	上　海	22	16	16 141.7	1.1
	江　苏	9	5	4 651.5	0.4
	安　徽	9	3	20 728.0	5.1
	江　西	35	17	15 908.0	8.4
	河　南	0	0	0.0	0.0
	湖　北	19	14	10 683.8	1.0
	湖　南	19	18	8 683.3	0.5
	广　西	4	4	475.0	0.2
	合　计	**117**	**77**	**77 271.2**	**16.6**
黄河中上游	山　西	13	11	6 001.8	1.6
	内蒙古	15	8	24 572.1	4.8
	河　南	9	5	4 783.9	1.4
	陕　西	6	6	2 234.6	0.2
	甘　肃	2	1	258.0	0.1
	青　海	0	0	0.0	0.0
	宁　夏	6	4	4 967.0	2.5
	合　计	**51**	**35**	**42 817.3**	**10.6**

湖泊水库工业重点调查单位废水排放及治理情况（一）

（2021）

单位：吨

湖泊水库	地　区	工业废水中污染物排放量			
		化学需氧量	氨氮	总氮	总磷
总　计		**54 636.4**	**2 445.4**	**10 326.9**	**365.9**
滇　池	云　南	72.0	4.5	13.6	0.8
	合　计	**72.0**	**4.5**	**13.6**	**0.8**
巢　湖	安　徽	842.5	32.4	259.0	10.4
	合　计	**842.5**	**32.4**	**259.0**	**10.4**
洞庭湖	江　西	140.6	4.0	10.8	1.0
	湖　北	246.2	7.6	40.6	0.9
	湖　南	12 466.3	595.9	2 008.1	103.2
	广　西	64.8	2.5	11.6	2.3
	合　计	**12 917.9**	**610.0**	**2 071.2**	**107.4**
鄱阳湖	安　徽	23.3	0.3	3.1	0.1
	江　西	15 137.6	987.2	2 688.1	117.4
	合　计	**15 161.0**	**987.6**	**2 691.2**	**117.5**
太　湖	上　海	238.2	2.0	74.6	0.7
	江　苏	17 917.0	707.7	3 033.2	90.9
	浙　江	6 743.5	71.8	2 037.8	33.3
	合　计	**24 898.7**	**781.4**	**5 145.6**	**124.9**
丹江口	河　南	378.6	11.8	69.6	1.5
	湖　北	78.4	4.0	27.6	1.2
	陕　西	287.3	13.8	49.2	2.2
	合　计	**744.4**	**29.5**	**146.5**	**4.9**

湖泊水库工业重点调查单位废水排放及治理情况（二）

（2021）

湖泊水库	地区	废水治理设施数/套	废水治理设施治理能力/（万吨/日）	废水治理设施运行费用/万元
总计		**10 394**	**1 643.2**	**1 017 525.9**
滇池	云南	53	5.4	9 290.9
	合计	**53**	**5.4**	**9 290.9**
巢湖	安徽	328	18.9	8 685.3
	合计	**328**	**18.9**	**8 685.3**
洞庭湖	江西	91	75.5	6 928.0
	湖北	11	2.5	2 248.7
	湖南	1 902	241.8	130 533.2
	广西	22	3.7	226.8
	合计	**2 026**	**323.5**	**139 936.7**
鄱阳湖	安徽	20	0.4	31.8
	江西	2 853	552.1	230 305.1
	合计	**2 873**	**552.5**	**230 336.9**
太湖	上海	171	5.8	8 638.7
	江苏	2 743	459.9	420 422.3
	浙江	1 883	236.2	188 438.0
	合计	**4 797**	**701.9**	**617 499.0**
丹江口	河南	37	5.1	3 205.2
	湖北	133	6.7	4 935.7
	陕西	147	29.2	3 636.2
	合计	**317**	**40.9**	**11 777.1**

湖泊水库工业重点调查单位污染防治投资情况

（2021）

湖泊水库	地　区	工业废水治理施工项目数/个	工业废水治理竣工项目数/个	工业废水治理施工项目本年完成投资/万元	工业废水治理竣工项目新增处理能力/（万吨/日）
总　计		**105**	**71**	**41 194.6**	**26.8**
滇　池	云　南	1	1	17.0	…
	合　计	**1**	**1**	**17.0**	**…**
巢　湖	安　徽	3	1	237.0	…
	合　计	**3**	**1**	**237.0**	**…**
洞庭湖	江　西	0	0	0.0	0.0
	湖　北	1	1	80.0	…
	湖　南	19	18	8 683.3	0.5
	广　西	4	4	475.0	0.2
	合　计	**24**	**23**	**9 238.3**	**0.7**
鄱阳湖	安　徽	0	0	0.0	0.0
	江　西	34	17	12 408.0	8.3
	合　计	**34**	**17**	**12 408.0**	**8.3**
太　湖	上　海	3	2	200.0	…
	江　苏	13	10	8 286.5	3.8
	浙　江	22	14	10 028.0	13.8
	合　计	**38**	**26**	**18 514.5**	**17.6**
丹江口	河　南	0	0	0.0	0.0
	湖　北	5	3	779.9	0.1
	陕　西	0	0	0.0	0.0
	合　计	**5**	**3**	**779.9**	**0.1**

13

各地区生态环境管理统计

各地区生态环境信访情况

（2021）

单位：件

地　区	电话举报数量	微信举报数量	网络举报数量	来信、来访已办结数量
总　计	**174 198**	**201 714**	**69 007**	**4 392**
国家级	0	0	3	239
北　京	998	4 434	1 209	17
天　津	439	1 840	713	22
河　北	2 897	8 396	5 864	327
山　西	3 695	5 267	2 116	168
内蒙古	534	1 791	674	47
辽　宁	10 628	6 173	2 569	238
吉　林	1 526	2 731	665	36
黑龙江	253	2 303	716	71
上　海	21 334	4 390	4 369	51
江　苏	3 836	11 496	5 298	93
浙　江	44 948	10 068	2 680	58
安　徽	10 579	6 773	3 114	272
福　建	47	5 940	2 362	50
江　西	797	4 989	1 752	228
山　东	3 404	12 086	8 563	545
河　南	47 079	11 773	4 257	334
湖　北	3 525	6 619	2 096	180
湖　南	3 224	5 405	1 657	254
广　东	654	49 139	7 975	67
广　西	572	8 555	1 442	121
海　南	939	1 206	276	6
重　庆	1 388	4 482	924	220
四　川	2 695	5 658	2 844	311
贵　州	2 084	3 576	585	226
云　南	1 417	5 449	1 189	89
西　藏	0	0	13	10
陕　西	228	6 094	1 698	46
甘　肃	1 320	2 070	661	16
青　海	24	328	125	3
宁　夏	45	648	223	20
新　疆	3 089	2 035	375	27

各地区承办的人大建议和政协提案情况

（2021）

单位：件

地区名称	承办的人大建议数	承办的政协提案数
总　计	**3 829**	**4 239**
国家级	637	387
北　京	47	70
天　津	40	68
河　北	0	0
山　西	193	223
内蒙古	88	111
辽　宁	65	77
吉　林	0	0
黑龙江	45	58
上　海	20	36
江　苏	20	25
浙　江	85	101
安　徽	39	62
福　建	10	13
江　西	4	1
山　东	238	304
河　南	171	224
湖　北	352	419
湖　南	125	113
广　东	384	503
广　西	219	154
海　南	1	0
重　庆	87	152
四　川	252	386
贵　州	215	187
云　南	309	370
西　藏	35	37
陕　西	13	30
甘　肃	66	69
青　海	22	16
宁　夏	0	0
新　疆	47	43

各地区生态环境法规与标准情况

（2021）

地区名称	当年颁布地方性环保法规数量/项	当年废止地方性环保法规数量/项	现行有效的地方性环保法规总数/项	当年颁布地方性环保规章数量/项	现行有效的地方性环保规章总数/项	当年发布的地方环境质量标准和污染物排放标准数量/项
总　计	**57**	**1**	**459**	**25**	**155**	**29**
北　京	1	0	5	0	1	13
天　津	0	0	0	0	0	0
河　北	—	—	—	—	—	—
山　西	7	0	40	0	1	1
内蒙古	2	0	19	0	2	0
辽　宁	1	0	5	0	3	0
吉　林	0	0	0	0	0	0
黑龙江	0	0	26	3	4	0
上　海	0	0	0	0	0	0
江　苏	1	0	0	0	0	0
浙　江	1	0	6	0	0	0
安　徽	1	0	5	0	1	0
福　建	—	—	—	—	—	—
江　西	0	0	7	0	0	9
山　东	6	1	43	2	9	0
河　南	2	0	29	3	9	0
湖　北	1	0	34	0	15	0
湖　南	2	0	17	0	1	1
广　东	5	0	62	3	16	0
广　西	7	0	28	9	16	2
海　南	0	0	0	0	0	0
重　庆	0	0	3	0	0	0
四　川	13	0	62	0	17	3
贵　州	0	0	9	0	4	0
云　南	2	0	29	2	27	0
西　藏	—	—	—	—	—	0
陕　西	1	0	4	0	0	0
甘　肃	2	0	15	3	18	0
青　海	0	0	4	0	7	0
宁　夏	1	0	3	0	0	0
新　疆	1	0	4	0	4	0

各地区环境服务业企业财务情况

（2021）

单位：万元

地区名称	资产总计	营业收入	营业成本	营业利润	应交增值税
总　计	**227 481 380.4**	**88 095 376.0**	**70 040 568.0**	**6 393 536.0**	**1 566 957.9**
北　京	27 785 336.9	6 558 693.0	4 873 994.5	534 665.7	111 957.0
天　津	3 421 479.8	294 650.1	200 582.3	40 722.9	10 180.8
河　北	2 395 316.3	1 021 623.6	730 867.6	51 373.2	27 768.8
山　西	725 257.7	229 029.5	149 836.2	-4 984.7	7 494.6
内蒙古	2 387 040.1	593 581.9	409 614.2	81 608.2	12 365.7
辽　宁	3 762 803.4	1 388 475.6	1 046 417.7	104 911.2	29 929.0
吉　林	3 636 967.9	1 631 151.2	1 306 836.9	101 997.2	41 190.1
黑龙江	1 257 627.6	319 276.1	235 176.0	-10 308.4	8 602.3
上　海	3 752 458.7	2 394 892.5	2 032 817.6	104 644.1	29 590.8
江　苏	13 266 164.2	5 178 263.0	3 990 233.2	335 765.4	105 377.9
浙　江	17 751 118.0	14 116 471.0	12 411 250.0	699 643.2	247 991.3
安　徽	2 402 544.5	1 259 262.0	1 171 447.9	45 835.5	24 104.9
福　建	3 923 331.9	1 686 975.8	1 273 517.2	145 638.8	51 753.9
江　西	3 588 694.6	2 276 906.2	1 894 301.1	172 516.8	72 593.8
山　东	32 153 811.6	13 315 898.0	10 845 654.0	648 751.9	130 852.3
河　南	2 017 885.8	1 078 091.8	814 510.3	73 870.3	29 041.3
湖　北	22 608 018.5	5 157 586.5	4 357 961.0	331 212.7	102 894.5
湖　南	6 045 554.1	3 470 412.5	2 834 323.2	467 572.8	29 170.4
广　东	41 271 743.0	16 463 012.0	12 412 654.0	1 315 181.8	266 834.4
广　西	5 792 772.6	1 939 261.9	1 494 892.8	98 272.9	58 398.1
海　南	102 711.4	45 348.7	28 346.6	6 763.5	1 469.5
重　庆	15 289 231.0	3 512 479.5	2 550 495.2	612 103.8	90 085.8
四　川	6 599 495.0	2 686 976.2	1 934 225.8	297 793.1	54 500.4
贵　州	740 239.8	197 171.1	133 083.7	19 509.1	6 080.9
云　南	1 658 053.4	297 276.2	210 746.9	25 266.3	11 136.0
西　藏	9 660.9	15 296.0	8 600.6	291.1	517.2
陕　西	75 127.9	27 334.1	18 314.4	2 729.5	493.4
甘　肃	1 572 917.8	384 731.7	279 562.2	18 605.7	-10 851.5
青　海	293 445.8	41 336.4	29 649.1	-443.2	2 882.2
宁　夏	66 249.1	10 009.8	8 906.1	-2 064.0	59.9
新　疆	1 128 321.1	503 904.1	351 747.3	74 089.8	12 492.2

注：“各地区环境服务业企业财务情况”“各地区环境服务业行政单位财务情况”“各地区环境服务业事业单位财务情况”3张表的统计范围为环境与生态监测检测服务（国民经济行业分类代码为746）、生态保护和环境治理业（国民经济行业分类代码为77，不含7711自然生态系统保护管理，7712自然遗迹保护管理，7713野生动物保护，7714野生植物保护，7715动物园、水族馆管理服务和7716植物园管理服务）。

各地区环境服务业行政单位财务情况

（2021）

单位：万元

地区名称	资产总计	负债合计	本年收入合计	本年支出合计
总　计	**796 386.9**	**107 273.1**	**527 324.0**	**505 738.2**
北　京	0.0	0.0	0.0	0.0
天　津	1 013.4	10.8	1 176.8	1 214.5
河　北	2 162.8	0.0	2 197.7	2 197.7
山　西	81 236.8	1 952.5	56 780.7	57 643.3
内蒙古	0.0	0.0	0.0	0.0
辽　宁	0.0	0.0	0.0	0.0
吉　林	2 731.4	119.6	1 635.1	2 189.4
黑龙江	22 050.0	4 045.0	3 361.0	3 361.0
上　海	2 443.5	46.4	3 236.2	3 222.1
江　苏	4 638.4	115.9	4 690.7	4 705.4
浙　江	64 842.2	10 649.7	47 898.5	45 716.0
安　徽	2 121.7	0.0	1 788.8	1 873.4
福　建	7 949.1	496.4	3 103.3	3 259.1
江　西	0.0	0.0	0.0	0.0
山　东	0.0	0.0	0.0	0.0
河　南	0.0	0.0	0.0	0.0
湖　北	0.0	0.0	0.0	0.0
湖　南	57 890.9	25 148.8	26 527.6	30 687.8
广　东	3 560.1	519.1	7 136.4	7 281.4
广　西	8 653.9	1 902.4	5 676.5	5 628.2
海　南	9 663.6	168.3	2 241.2	2 329.2
重　庆	0.0	0.0	0.0	0.0
四　川	340 905.0	47 278.5	217 839.5	199 615.7
贵　州	0.0	0.0	0.0	0.0
云　南	145 226.3	12 603.3	110 434.4	113 154.0
西　藏	18 799.4	1 846.3	23 391.6	13 367.5
陕　西	0.0	0.0	0.0	0.0
甘　肃	0.0	0.0	0.0	0.0
青　海	0.0	0.0	0.0	0.0
宁　夏	0.0	0.0	0.0	0.0
新　疆	20 498.4	370.1	8 208.0	8 292.5

各地区环境服务业事业单位财务情况

（2021）

单位：万元

地区名称	资产总计	负债合计	本年收入合计	本年支出合计
总　计	**3 872 663.7**	**698 662.7**	**2 013 068.2**	**1 947 273.9**
北　京	335 703.0	48 735.8	234 369.3	241 335.3
天　津	36 298.6	6 120.5	33 941.4	34 561.4
河　北	15 072.4	7 665.8	18 472.3	18 652.7
山　西	86 964.9	4 986.5	43 938.6	39 681.8
内蒙古	59 384.2	8 017.1	29 855.3	30 700.2
辽　宁	11 954.8	3 604.3	3 979.0	3 981.5
吉　林	194 873.2	19 097.7	80 066.9	78 950.1
黑龙江	79 472.5	28 806.7	10 748.2	13 519.7
上　海	117 719.6	9 110.9	76 242.0	76 896.6
江　苏	343 056.2	66 552.1	159 467.9	146 334.3
浙　江	304 123.0	19 631.5	160 695.6	147 076.2
安　徽	47 072.5	22 245.0	23 854.9	24 211.1
福　建	288 813.4	23 682.6	108 250.9	91 392.5
江　西	140 822.0	32 926.4	65 674.1	64 407.9
山　东	0.0	0.0	0.0	0.0
河　南	53 606.7	11 375.9	31 504.5	35 223.8
湖　北	125 121.2	24 536.1	58 017.4	59 967.0
湖　南	88 988.1	8 169.5	40 103.7	38 878.1
广　东	851 035.4	202 130.1	547 966.5	531 252.2
广　西	246 994.7	58 136.6	74 071.1	76 254.3
海　南	24 826.3	874.0	7 919.6	9 997.2
重　庆	0.0	0.0	0.0	0.0
四　川	96 953.5	17 426.3	57 764.5	58 722.7
贵　州	5 873.8	213.8	5 430.9	5 645.9
云　南	25 312.7	4 425.8	30 784.3	31 129.7
西　藏	0.0	0.0	0.0	0.0
陕　西	15 158.9	461.7	18 271.5	11 362.2
甘　肃	154 476.0	39 875.6	60 169.9	50 403.4
青　海	0.0	0.0	0.0	0.0
宁　夏	35 709.6	29 162.1	17 174.5	12 811.2
新　疆	87 276.5	692.3	14 333.5	13 924.9

各地区清洁生产审核情况

（2021）

单位：家

地区名称	公布强制性清洁生产审核企业数	已开展强制性清洁生产审核企业数	开展审核评估的企业数	审核验收合格的企业数	审核验收不合格的企业数
总　计	**8 082**	**7 825**	**6 323**	**5 537**	**175**
北　京	60	57	54	31	23
天　津	66	21	21	0	0
河　北	1 389	1 382	541	573	8
山　西	362	371	370	3	0
内蒙古	52	52	36	42	1
辽　宁	54	122	122	122	0
吉　林	83	91	89	2	0
黑龙江	17	16	5	1	0
上　海	378	178	95	83	0
江　苏	988	969	969	931	38
浙　江	437	433	433	432	1
安　徽	202	260	183	144	3
福　建	160	175	126	139	1
江　西	116	166	111	17	0
山　东	1 144	1 113	1 022	948	26
河　南	411	395	323	420	0
湖　北	219	112	96	92	0
湖　南	171	162	140	89	3
广　东	1 124	1 092	1 071	1 019	61
广　西	126	69	48	26	3
海　南	21	17	9	5	0
重　庆	5	45	45	77	0
四　川	179	179	162	184	0
贵　州	0	61	61	8	0
云　南	28	27	23	18	3
西　藏	0	0	0	0	0
陕　西	150	89	55	35	1
甘　肃	92	82	70	67	2
青　海	11	29	18	11	0
宁　夏	15	15	13	7	0
新　疆	22	45	12	11	1

管辖海域未达到第一类海水水质标准的海域面积

单位：千米^2

海　区	合计	第二类水质海域面积	第三类水质海域面积	第四类水质海域面积	劣于第四类水质海域面积
全　国	**70 000**	**30 540**	**10 960**	**7 150**	**21 350**
渤　海	12 850	7 710	2 720	820	1 600
黄　海	9 520	6 310	1 830	720	660
东　海	35 970	11 450	3 490	4 720	16 310
南　海	11 660	5 070	2 920	890	2 780

全国近岸海域各类海水水质面积比例

单位：%

海　区	一类海水	二类海水	三类海水	四类海水	劣四类海水	主要超标指标
全　国	**66.8**	**14.5**	**5.2**	**3.9**	**9.6**	**无机氮、活性磷酸盐**
渤　海	54.5	22.3	8.2	4.4	10.6	无机氮、活性磷酸盐
黄　海	81.7	12.6	3.9	1.2	0.6	无机氮、活性磷酸盐
东　海	40.3	18.3	8.4	9.3	23.7	无机氮、活性磷酸盐
南　海	83.8	9.1	2.0	1.2	3.9	无机氮、活性磷酸盐

管辖海域海区废弃物倾倒及石油勘探开发污染物排放入海情况

海　区	海洋废弃物/万米^3	生产水/万米^3	泥浆/米^3	钻屑/米^3	机舱污水/米^3	食品废弃物/吨	含油钻屑/米^3	生活污水/万米^3
全　国	**27 003.7**	**20 982.2**	**108 196.9**	**103 001.2**	**793.6**	**1 330**	**—**	**118.7**
渤　海	5 483.2	0.0	27 986.4	52 397.4	0.0	0.0	—	60.8
黄　海	955.2	0.0	0.0	0.0	0.0	0.0	—	0.0
东　海	13 186.9	164.7	1 483.9	4 059.1	0.0	396.2	—	5.9
南　海	7 378.4	20 817.5	78 726.6	46 544.7	793.6	933.8	—	52.1

各地区环境影响评价情况

（2021）

地区名称	当年建设项目环境影响评价文件审批数量/项	当年建设项目环境影响登记表备案数量/项	当年审批的建设项目投资总额/万元	当年审批的建设项目环保投资总额/万元
总　计	**128 244**	**419 954**	**1 720 466 174.4**	**53 841 017.2**
国家级	36	0	51 150 608.9	981 036.3
北　京	721	7 707	24 578 987.6	583 264.7
天　津	1 426	23 797	17 688 843.1	538 913.0
河　北	10 398	37 847	78 006 006.5	3 152 607.8
山　西	3 023	10 748	39 886 077.9	1 881 403.4
内蒙古	1 618	10 335	24 370 884.3	894 952.9
辽　宁	3 337	28 745	34 199 281.0	1 289 083.8
吉　林	1 429	13 646	14 372 607.5	272 999.7
黑龙江	2 116	4 964	11 006 109.0	403 373.9
上　海	2 323	11 593	26 777 629.8	778 022.6
江　苏	12 819	26 804	185 764 542.6	4 826 441.3
浙　江	11 061	8 547	121 699 757.6	2 788 641.5
安　徽	7 231	13 898	121 179 413.6	3 358 763.8
福　建	5 182	4 753	58 914 159.4	1 788 297.6
江　西	4 374	8 405	76 832 661.6	1 698 735.9
山　东	8 927	56 003	92 214 529.4	3 206 273.9
河　南	8 338	14 681	99 489 669.8	4 228 160.1
湖　北	1 391	18 004	27 710 766.0	1 256 883.7
湖　南	1 765	7 083	24 153 581.4	711 665.4
广　东	14 391	17 570	153 810 520.4	6 010 294.0
广　西	4 516	12 210	100 842 032.5	2 860 847.7
海　南	647	686	11 800 148.5	459 252.5
重　庆	2 761	7 088	44 629 682.5	1 140 756.9
四　川	6 000	23 878	91 686 482.9	2 531 310.6
贵　州	2 433	11 351	49 130 817.4	1 438 549.0
云　南	2 755	2 523	27 115 416.7	1 126 231.3
西　藏	345	7 353	994 182.9	25 961.8
陕　西	3 004	7 049	37 236 105.4	1 720 648.6
甘　肃	1 261	9 236	30 492 734.7	515 973.2
青　海	641	3 639	22 283 207.1	309 138.0
宁　夏	155	1 796	1 524 685.1	98 763.7
新　疆	1 820	8 015	18 924 041.2	963 768.6

各地区生态环境监测情况（一）

（2021）

地区名称	监测用房面积/米^2	监测业务经费/万元	环境监测仪器设备数量/台（套）	环境监测仪器设备原值总值/万元	环境空气监测点位数/个		酸雨监测点位/个	沙尘天气影响环境质量监测点位数/个
						国控监测点位		
总　计	**4 078 143.1**	**2 583 507.2**	**97 267**	**1 615 881.0**	**15 769**	**1 734**	**1 130**	**73**
国家级	83 100.0	100 905.7	3 314	43 000.0	1 734	1 734	—	—
北　京	38 234.5	39 218.3	1 173	26 415.3	1 339	24	3	1
天　津	48 038.2	35 188.4	871	21 912.3	126	21	9	1
河　北	183 527.6	84 847.4	5 298	82 523.6	2 558	76	25	3
山　西	108 810.2	44 213.4	2 150	31 319.4	402	65	24	2
内蒙古	170 904.8	48 829.2	4 422	76 532.1	248	49	24	20
辽　宁	121 258.2	41 220.7	2 563	37 919.9	223	79	84	9
吉　林	78 938.8	23 410.9	1 767	26 619.0	163	34	22	5
黑龙江	81 460.1	27 389.5	1 521	21 872.5	193	63	34	0
上　海	97 988.4	82 711.3	2 155	57 595.4	90	19	21	0
江　苏	266 815.3	183 220.8	5 425	113 757.3	1 084	95	111	0
浙　江	168 771.4	126 662.6	4 607	94 959.8	432	57	26	0
安　徽	117 935.2	43 250.5	2 848	44 673.0	333	80	40	0
福　建	119 545.9	61 529.2	4 071	58 770.0	334	42	47	0
江　西	158 003.3	37 567.7	2 070	33 397.2	387	64	22	0
山　东	190 988.0	105 740.6	4 667	87 495.3	2 581	106	49	2
河　南	170 517.4	91 744.6	4 594	76 536.4	950	100	50	0
湖　北	126 570.8	55 430.0	3 142	40 484.0	267	59	45	0
湖　南	144 082.0	71 488.3	3 238	39 222.7	285	79	72	0
广　东	292 207.4	197 348.3	6 876	126 287.2	541	133	49	0
广　西	139 689.9	48 864.4	3 309	59 237.0	183	62	58	0
海　南	33 449.7	19 055.3	1 145	23 894.9	102	12	27	0
重　庆	102 304.1	57 542.8	2 698	49 206.6	230	36	49	0
四　川	272 519.2	100 278.5	6 389	97 432.9	669	104	67	0
贵　州	138 335.6	30 413.2	3 542	48 384.8	244	36	26	0
云　南	178 125.6	43 258.2	4 602	40 753.2	196	46	36	0
西　藏	19 781.9	634 742.5	462	3 744.4	27	18	3	0
陕　西	129 018.5	54 193.8	2 339	36 234.5	847	55	26	4
甘　肃	76 445.1	36 465.0	2 600	48 983.7	194	39	31	9
青　海	22 789.6	18 549.0	484	10 986.0	76	11	11	0
宁　夏	34 572.0	12 140.1	858	19 016.5	180	23	10	5
新　疆	163 414.36	26 087.0	2 067	36 714.2	285	47	29	12

注：“环境监测仪器设备数量/台（套）”“环境监测仪器设备原值总值/万元”两项指标统计口径为“原值大于10万元或日常使用频率较高的环境监测仪器设备”。

各地区生态环境监测情况（二）

（2021）

单位：个

地区名称	地表水水质监测断面（点位）数量	国控断面数	集中式饮用水水源地监测点位数量	地表水监测点位数量	地下水监测点位数量	近岸海域监测点位数量
总　计	**37 961**	**3 641**	**18 580**	**11 511**	**7 069**	**2 612**
北　京	466	35	134	6	128	0
天　津	262	41	159	7	152	35
河　北	959	119	1 039	46	993	21
山　西	505	84	463	77	386	0
内蒙古	632	127	378	66	312	0
辽　宁	615	154	225	112	113	8
吉　林	659	110	177	119	58	0
黑龙江	600	142	172	57	115	0
上　海	1 065	40	7	7	0	114
江　苏	5 190	234	262	262	0	230
浙　江	2 227	157	423	416	7	160
安　徽	1 577	200	179	146	33	0
福　建	1 115	100	925	785	140	243
江　西	1 136	151	755	666	89	0
山　东	2 289	146	708	273	435	736
河　南	1 545	156	712	159	553	0
湖　北	1 758	198	672	617	55	0
湖　南	1 641	165	1 140	977	163	0
广　东	3 386	158	1 029	984	45	608
广　西	817	114	348	178	170	2
海　南	655	49	446	153	293	455
重　庆	1 096	88	1 139	1 069	70	0
四　川	2 438	190	2 767	1 944	823	0
贵　州	1 532	108	2 275	1 266	1 009	0
云　南	1 470	206	545	467	78	0
西　藏	346	46	119	43	76	0
陕　西	686	99	272	134	138	0
甘　肃	362	74	512	204	308	0
青　海	172	36	99	61	38	0
宁　夏	263	17	63	23	40	0
新　疆	497	97	436	187	249	0

各地区生态环境监测情况（三）

（2021）

地区名称	开展声环境质量监测的点位数量/个	区域声环境质量监测点位数量	道路交通声环境监测点位数量	功能区声环境质量监测点位数量	开展污染源监督性监测的重点企业数量/家
总　计	**284 651**	**204 252**	**60 148**	**20 251**	**73 970**
北　京	2 520	1 432	1 033	55	1 175
天　津	1 544	962	492	90	487
河　北	11 825	8 647	2 403	775	3 592
山　西	7 094	5 130	1 692	272	551
内蒙古	4 640	3 193	1 194	253	775
辽　宁	10 147	7 436	1 677	1 034	2 340
吉　林	7 683	5 409	1 518	756	1 312
黑龙江	11 970	8 185	2 797	988	550
上　海	387	196	150	41	1 024
江　苏	24 158	17 611	5 287	1 260	11 114
浙　江	10 090	7 157	2 240	693	4 775
安　徽	3 163	2 184	833	146	905
福　建	6 521	5 404	993	124	1 956
江　西	14 897	9 919	2 987	1 991	1 422
山　东	15 945	12 073	3 171	701	8 372
河　南	7 997	5 821	1 756	420	3 104
湖　北	14 483	9 902	2 987	1 594	3 709
湖　南	14 452	10 265	3 161	1 026	3 435
广　东	19 934	13 446	5 867	621	5 908
广　西	13 967	10 331	2 807	829	431
海　南	2 783	2 167	476	140	233
重　庆	4 927	3 630	921	376	2 714
四　川	14 552	11 311	2 369	872	6 382
贵　州	12 369	9 209	2 276	884	1 760
云　南	16 312	12 271	2 834	1 207	1 321
西　藏	2 538	778	505	1 255	73
陕　西	9 453	6 891	1 870	692	1 057
甘　肃	9 670	7 286	1 888	496	1 594
青　海	1 211	785	346	80	399
宁　夏	2 351	1 588	663	100	385
新　疆	5 068	3 633	955	480	1 115

各地区生态环境执法情况（一）

（2021）

地区名称	已实施自动监控的重点排污单位数量/家	已实施自动监控的重点排污单位中排放口数量/个		已实施自动监控的重点排污单位中监控设备与生态环境部门稳定联网数量/家				
		水排放口数量	气排放口数量	COD监控设备与生态环境部门稳定联网数量	NH_3-N监控设备与生态环境部门稳定联网数量	SO_2监控设备与生态环境部门稳定联网数量	NO_x监控设备与生态环境部门稳定联网数量	烟尘监控设备与生态环境部门稳定联网数量
总　计	**46 783**	**31 163**	**44 530**	**28 351**	**26 330**	**29 626**	**30 261**	**35 407**
北　京	518	281	1 091	273	273	78	844	96
天　津	835	394	1 553	391	390	272	1 016	447
河　北	3 326	2 095	3 914	2 035	1 945	2 610	2 473	3 623
山　西	1 151	413	2 112	394	388	1 605	1 448	2 007
内蒙古	1 147	450	1 685	399	381	1 416	1 311	1 579
辽　宁	2 065	921	2 777	864	836	1 967	1 923	2 502
吉　林	809	431	1 009	421	411	855	846	917
黑龙江	883	398	947	377	360	838	829	876
上　海	482	397	671	346	318	285	340	233
江　苏	4 615	4 180	2 222	3 498	2 963	1 409	1 430	1 694
浙　江	3 459	2 870	1 663	2 676	2 519	934	937	1 039
安　徽	2 366	1 593	1 921	1 479	1 314	1 316	1 261	1 605
福　建	890	680	772	593	555	548	574	676
江　西	1 761	1 309	1 138	1 226	1 186	842	802	1 022
山　东	5 456	2 949	6 012	2 900	2 782	3 888	3 855	4 441
河　南	2 637	1 304	3 152	1 287	1 203	2 170	2 172	2 749
湖　北	1 425	1 126	923	1 081	983	623	527	765
湖　南	953	738	601	661	589	468	427	526
广　东	4 187	3 769	2 374	2 979	2 803	1 512	1 599	1 653
广　西	971	644	997	575	553	663	698	947
海　南	232	198	153	191	190	109	113	127
重　庆	691	586	459	512	489	349	348	405
四　川	2 107	1 499	1 610	1 403	1 180	1 103	1 041	1 362
贵　州	596	384	540	370	359	405	365	504
云　南	605	314	629	290	286	468	386	586
陕　西	1 027	541	1 299	436	423	910	917	1 003
甘　肃	538	252	725	247	232	573	507	682
青　海	59	25	90	25	25	83	49	90
宁　夏	230	134	308	134	130	273	261	297
新　疆	762	288	1 183	288	264	1 054	962	954

各地区生态环境执法情况（二）

（2021）

地区名称	纳入日常监管随机抽查信息库的污染源数量/家	日常监管随机抽查污染源数量/家	下达处罚决定书数量/个	罚没款数额/万元
总　计	**1 525 658**	**472 628**	**132 818**	**1 168 659.8**
北　京	78 614	11 007	5 860	11 634.5
天　津	99 973	8 348	1 101	11 347.5
河　北	83 212	64 647	19 810	112 699.3
山　西	35 509	16 906	3 187	50 222.3
内蒙古	8 772	7 529	2 251	21 722.7
辽　宁	35 387	18 051	3 747	36 612.8
吉　林	32 541	11 439	1 205	7 701.6
黑龙江	13 866	6 979	788	14 702.0
上　海	44 047	6 250	1 093	11 437.0
江　苏	180 880	30 240	15 914	146 378.9
浙　江	72 304	21 210	7 304	76 951.9
安　徽	30 860	13 317	2 954	27 394.6
福　建	40 679	13 346	2 445	20 445.0
江　西	12 352	8 680	1 837	19 373.8
山　东	274 130	41 804	13 440	148 709.8
河　南	51 466	34 486	9 572	51 304.9
湖　北	26 048	7 622	1 559	26 915.2
湖　南	37 892	17 253	2 793	21 586.8
广　东	189 111	38 418	14 108	147 321.8
广　西	15 376	8 892	1 844	13 472.3
海　南	1 808	1 429	603	6 894.6
重　庆	18 975	8 218	2 239	13 157.5
四　川	58 673	15 735	4 644	36 945.1
贵　州	25 727	12 139	2 052	20 176.2
云　南	13 203	10 711	4 040	49 235.9
西　藏	2 947	7 159	256	3 084.9
陕　西	15 649	8 117	3 720	34 940.6
甘　肃	9 132	8 394	953	8 446.9
青　海	1 885	1 826	178	2 002.3
宁　夏	2 940	2 762	460	5 646.8
新　疆	11 700	9 714	861	10 194.4

各地区生态环境执法情况（三）

（2021）

地区名称	举办环境执法岗位培训班期数/期	环境执法岗位培训人数/人	举办其他环境执法业务培训期数/期	环境执法其他业务培训人数/人
总　计	**338**	**25 186**	**4 578**	**183 968**
国家级	9	1 322	22	3 973
北　京	1	120	20	2 400
天　津	1	150	21	6 300
河　北	2	320	5	5 400
山　西	6	565	636	8 366
内蒙古	20	1 381	0	0
辽　宁	0	0	193	8 727
吉　林	3	1 355	2	66
黑龙江	2	485	133	2 427
上　海	1	142	16	4 026
江　苏	97	4 630	418	25 778
浙　江	6	390	194	11 610
安　徽	4	450	32	1 582
福　建	6	302	88	2 827
江　西	0	0	4	20
山　东	5	308	665	19 289
河　南	45	2 885	696	16 861
湖　北	2	192	8	843
湖　南	43	3 799	64	5 356
广　东	10	1 560	450	18 470
广　西	8	469	28	3 287
海　南	1	60	33	643
重　庆	40	1 256	122	9 443
四　川	1	300	304	13 565
贵　州	1	102	25	1 541
云　南	3	332	124	3 480
西　藏	0	0	0	0
陕　西	0	0	138	1 867
甘　肃	15	1 200	24	1 531
青　海	3	360	20	170
宁　夏	1	200	36	1 025
新　疆	2	551	57	3 095

各地区环境应急情况

（2021）

单位：次

地区名称	突发环境事件数量	特别重大环境事件数量	重大环境事件数量	较大环境事件数量	一般环境事件数量
总　计	**199**	**0**	**2**	**9**	**188**
北　京	2	0	0	0	2
天　津	0	0	0	0	0
河　北	0	0	0	0	0
山　西	24	0	0	1	23
内蒙古	6	0	0	0	6
辽　宁	4	0	0	1	3
吉　林	2	0	0	0	2
黑龙江	3	0	0	0	3
上　海	1	0	0	0	1
江　苏	12	0	0	0	12
浙　江	6	0	0	0	6
安　徽	2	0	0	1	1
福　建	4	0	0	1	3
江　西	3	0	0	0	3
山　东	3	0	0	1	2
河　南	13	0	1	0	12
湖　北	21	0	0	0	21
湖　南	3	0	0	2	1
广　东	24	0	0	0	24
广　西	8	0	0	0	8
海　南	2	0	0	0	2
重　庆	5	0	0	0	5
四　川	8	0	0	0	8
贵　州	4	0	0	0	4
云　南	5	0	0	0	5
西　藏	0	0	0	0	0
陕　西	9	0	1	1	7
甘　肃	5	0	1	1	3
青　海	5	0	0	0	5
宁　夏	9	0	0	0	9
新　疆	7	0	0	0	7

注：陕西、甘肃两省重大突发环境事件为同1起，总数核减1。

主要城市环境保护情况（一）

城　市	二氧化硫年平均浓度/（微克/米^3）	二氧化氮年平均浓度/（微克/米^3）	可吸入颗粒物（PM_{10}）年平均浓度/（微克/米^3）	一氧化碳日均值第95百分位浓度/（微克/米^3）	臭氧日最大8小时第90百分位浓度/（微克/米^3）	细颗粒物（$PM_{2.5}$）年平均浓度/（微克/米^3）	空气质量优良天数比例/%
北　京	3	26	55	1.1	149	33	78.9
天　津	8	37	69	1.4	160	39	72.3
石家庄	9	32	84	1.4	173	46	65.8
太　原	14	39	83	1.5	192	44	61.4
呼和浩特	11	28	60	1.4	144	28	87.1
沈　阳	15	33	65	1.5	135	38	86.3
长　春	9	31	54	1	116	31	90.4
哈尔滨	16	31	57	1.2	128	37	84.9
上　海	6	35	43	0.9	145	27	91.8
南　京	6	33	56	1	168	29	82.2
杭　州	6	34	55	0.9	162	28	87.9
合　肥	7	36	63	1	143	32	86.0
福　州	4	18	39	0.8	113	21	100.0
南　昌	8	27	61	1.1	134	31	91.5
济　南	11	33	78	1.3	181	40	62.7
郑　州	8	32	76	1.2	177	42	64.9
武　汉	8	40	59	1.3	155	37	79.2
长　沙	7	29	52	1.1	144	43	83.3
广　州	8	34	46	1	160	24	88.5
南　宁	8	25	47	1	129	28	97.0
海　口	4	10	28	0.7	124	14	98.4
重　庆	9	32	54	1	127	35	89.3
成　都	6	35	61	1	151	40	81.9
贵　阳	10	20	42	0.9	114	23	98.9
昆　明	9	23	41	0.9	134	24	98.4
拉　萨	6	16	24	0.8	121	10	100.0
西　安	8	40	82	1.3	154	41	72.6
兰　州	15	46	72	2	145	32	81.1
西　宁	18	36	58	2	142	32	90.4
银　川	14	30	63	1.5	152	27	84.1
乌鲁木齐	7	38	65	1.8	134	39	80.8

主要城市环境保护情况（二）

城市	道路交通声环境监测					区域声环境监测		
	路段总长度/米	超70dB（A）路段长度/米	超70dB（A）路段长度百分比/%	路段平均路宽/米	等效声级/dB（A）	网格边长/米	网格总数/个	等效声级/dB（A）
北京	962 700	365 739	38.0	32.9	69.0	2 500	185	53.7
天津	499 600	76 291	15.3	28.8	66.8	1 000	340	54.0
石家庄	399 200	125 282	31.4	18.5	68.0	1 000	400	52.2
太原	134 700	4 700	3.5	40.8	66.2	750	232	52.0
呼和浩特	239 900	49 629	20.7	36.4	67.5	1 400	108	51.7
沈阳	144 000	66 900	46.5	39.5	69.9	750	240	54.1
长春	279 700	110 121	39.4	29.1	69.6	1 500	120	54.9
哈尔滨	346 100	84 685	24.5	27.8	67.4	1 800	210	56.6
上海	197 900	68 870	34.8	32.0	68.4	2 000	248	54.0
南京	280 200	28 164	10.1	30.2	67.0	1 500	325	53.5
杭州	744 500	121 860	16.4	31.7	66.5	3 000	155	55.8
合肥	591 700	126 100	21.3	34.9	67.0	1 000	369	58.9
福州	335 300	115 580	34.5	27.1	68.1	1 000	232	56.7
南昌	463 900	51 347	11.1	31.6	65.9	1 300	183	54.7
济南	191 300	80 352	42.0	51.2	68.8	400	416	54.9
郑州	465 700	137 108	29.4	44.8	68.7	1 500	196	55.1
武汉	225 200	141 922	63.0	25.9	71.0	1 000	451	57.7
长沙	408 100	147 241	36.1	35.7	68.6	2 000	129	54.3
广州	1 019 700	360 746	35.4	27.8	69.2	2 000	276	56.2
南宁	166 500	36 239	21.8	54.6	68.0	1 400	114	56.1
海口	437 500	70 885	16.2	38.2	68.0	1 150	117	59.6
重庆	527 100	76 200	14.5	23.4	66.0	1 200	491	52.2
成都	663 700	115 700	17.4	42.6	68.3	2 500	202	57.0
贵阳	649 600	271 870	41.8	35.0	69.8	1 000	346	55.3
昆明	710 700	103 877	14.6	33.1	64.9	900	576	52.0
拉萨	53 000	5 800	11.0	19.5	68.5	500	195	60.5
西安	202 000	61 732	30.6	37.9	68.7	750	200	56.2
兰州	236 000	11 139	4.7	29.1	66.7	1 000	231	52.5
西宁	294 900	117 081	39.7	35.8	68.5	1 250	128	53.1
银川	198 800	26 990	13.6	36.8	66.7	1 000	214	52.4
乌鲁木齐	378 400	24 893	6.6	26.8	64.9	1 000	224	54.5

主要城市环境保护情况（三）

城市	区域声环境声源构成							
	交通运输噪声		工业噪声		建筑施工噪声		社会生活噪声	
	所占比例/%	平均声级/dB（A）	所占比例/%	平均声级/dB（A）	所占比例/%	平均声级/dB（A）	所占比例/%	平均声级/dB（A）
北　京	15.7	57.8	5.4	57.4	1.6	57.7	77.3	52.5
天　津	13.5	58.4	13.8	55.7	1.2	57.6	71.5	52.8
石家庄	5.2	49.7	0.2	51.1	—	—	94.5	52.3
太　原	17.2	54.6	2.6	52.8	3.0	53.0	77.2	51.3
呼和浩特	14.8	57.5	4.6	57.7	3.7	60.1	76.9	49.8
沈　阳	14.2	56.6	0.8	56.5	2.5	58.4	82.5	53.5
长　春	25.8	62.7	3.3	55.4	3.3	61.0	67.5	51.6
哈尔滨	23.3	63.5	5.7	55.9	2.9	62.3	68.1	54.1
上　海	13.7	56.0	9.2	55.5	0.4	58.8	76.7	53.5
南　京	33.9	54.1	15.2	54.3	0.6	54.4	50.3	52.8
杭　州	16.1	58.4	2.6	54.6	4.5	56.9	76.8	55.2
合　肥	20.3	60.2	23.6	59.3	3.5	58.1	52.6	58.2
福　州	19.4	61.3	6.9	57.4	3.4	57.7	70.3	55.4
南　昌	36.6	57.0	55.7	53.0	6.6	56.7	1.1	53.5
济　南	6.2	53.8	4.1	55.4	1.4	54.0	88.2	55.0
郑　州	14.3	58.5	1.5	56.3	1.5	60.8	82.7	54.3
武　汉	32.6	61.6	8.4	62.0	10.6	60.3	48.3	53.8
长　沙	36.4	57.9	2.3	54.9	8.5	54.5	52.7	51.7
广　州	28.3	59.3	13.8	55.6	5.1	58.2	52.9	54.5
南　宁	26.3	61.3	5.3	60.4	3.5	57.8	64.9	53.6
海　口	34.2	64.4	3.4	59.4	6.0	62.8	56.4	56.3
重　庆	11.0	55.1	9.4	54.2	0.6	50.0	79.0	51.6
成　都	9.2	61.3	31.1	58.9	3.6	61.8	59.1	55.0
贵　阳	35.8	57.2	4.9	55.5	4.9	56.3	54.3	53.9
昆　明	16.8	55.0	3.1	52.2	2.4	56.6	77.6	51.3
拉　萨	—	—	—	—	—	—	—	—
西　安	19.0	57.7	2.5	53.3	2.0	56.7	76.5	55.9
兰　州	26.8	54.8	5.2	54.8	6.1	52.7	61.9	51.4
西　宁	13.3	53.3	5.5	55.8	7.0	58.4	74.2	52.3
银　川	21.0	53.5	12.1	53.7	3.3	54.9	63.6	51.7
乌鲁木齐	29.5	56.2	6.2	56.1	2.7	56.6	61.6	53.4

主要水系水质状况评价情况

（按监测断面统计）

主要水系	监测断面个数/个	分类水质断面占全部断面百分比/%					
		Ⅰ类	Ⅱ类	Ⅲ类	Ⅳ类	Ⅴ类	劣Ⅴ类
长江流域	1 017	7.5	70.7	18.9	2.4	0.5	0.1
黄河流域	265	6.4	51.7	23.8	12.5	1.9	3.8
珠江流域	364	9.1	62.1	21.2	5.2	1.4	1.1
松花江流域	254	0	15.0	46.1	27.2	7.5	4.3
淮河流域	341	0.9	19.4	60.1	19.1	0.6	0
海河流域	244	6.1	29.1	33.2	28.3	2.9	0.4
辽河流域	194	4.6	47.9	28.9	16.5	2.1	0

重点评价湖泊水库水质状况

湖泊名称	所在行政区	水质类别	主要超标项目（超标倍数）	营养状况
白洋淀	河北省	III	—	中营养
衡水湖	河北省	III	—	中营养
乌梁素海	内蒙古自治区	IV	五日生化需氧量（0.08）、高锰酸盐指数（0.05）、化学需氧量（0.04）	中营养
小兴凯湖	黑龙江省	IV	总磷（0.5）	轻度富营养
兴凯湖	黑龙江省	V	总磷（1.3）	轻度富营养
镜泊湖	黑龙江省	III	—	中营养
淀山湖	上海市	V	总磷（1.2）	轻度富营养
高邮湖	江苏省	IV	总磷（0.2）	轻度富营养
阳澄湖	江苏省	IV	总磷（0.2）	轻度富营养
洪泽湖	江苏省	IV	总磷（0.6）	轻度富营养
太湖	江苏省	IV	总磷（0.2）	轻度富营养
白马湖	江苏省	III	—	轻度富营养
骆马湖	江苏省	IV	总磷（0.08）	轻度富营养
东钱湖	浙江省	III	—	轻度富营养
西湖	浙江省	III	—	中营养
龙感湖	安徽省，湖北省	IV	总磷（0.7）	轻度富营养
巢湖	安徽省	IV	总磷（0.7）	中度富营养
南漪湖	安徽省	III	总磷（0.7）	中度富营养
菜子湖	安徽省	III	—	轻度富营养
焦岗湖	安徽省	IV	总磷（0.5）	轻度富营养
武昌湖	安徽省	III	—	中营养
升金湖	安徽省	III	—	中营养
瓦埠湖	安徽省	III	—	轻度富营养
黄大湖	安徽省	III	—	中营养
花亭湖	安徽省	II	—	中营养
仙女湖	江西省	IV	总磷（0.3）	轻度富营养
鄱阳湖	江西省	IV	总磷（0.3）	轻度富营养
柘林湖	江西省	II	—	中营养
东平湖	山东省	III	—	中营养
南四湖	山东省	III	—	轻度富营养
高唐湖	山东省	II	—	中营养
洪湖	湖北省	V	总磷（1.8）	轻度富营养

重点评价湖泊水库水质状况（续表）

湖泊名称	所在行政区	水质类别	主要超标项目（超标倍数）	营养状况
斧头湖	湖北省	Ⅲ	—	轻度富营养
梁子湖	湖北省	Ⅲ	—	轻度富营养
大通湖	湖南省	Ⅳ	总磷（0.9）	轻度富营养
洞庭湖	湖南省	Ⅳ	总磷（0.3）	中营养
邛海	四川省	Ⅱ	—	贫营养
百花湖	贵州省	Ⅱ	—	中营养
红枫湖	贵州省	Ⅱ	—	中营养
万峰湖	贵州省	Ⅲ	—	中营养
杞麓湖	云南省	劣Ⅴ	化学需氧量（1.3）、总磷（1.1）、高锰酸盐指数（0.9）、五日生化需氧量（0.4）	中度富营养
星云湖	云南省	Ⅴ	总磷（1.0）、化学需氧量（0.7）、高锰酸盐指数（0.3）	轻度富营养
异龙湖	云南省	劣Ⅴ	化学需氧量（2.3）、高锰酸盐指数（1.5）、五日生化需氧量（0.6）、总磷（0.3）	中度富营养
滇池	云南省	Ⅳ	化学需氧量（0.4）、总磷（0.2）、高锰酸盐指数（0.08）	中度富营养
程海	云南省	劣Ⅴ	氟化物（1.5）、化学需氧量（0.4）	中营养
阳宗海	云南省	Ⅲ	—	中营养
洱海	云南省	Ⅱ	—	中营养
抚仙湖	云南省	Ⅰ	—	贫营养
泸沽湖	云南省	Ⅰ	—	贫营养
班公错	西藏自治区	Ⅱ	—	贫营养
纳木错	西藏自治区	—	—	—
色林错	西藏自治区	Ⅱ	—	中营养
羊卓雍错	西藏自治区	—	—	—
沙湖	宁夏回族自治区	Ⅲ	—	中营养
香山湖	宁夏回族自治区	Ⅱ	—	中营养
艾比湖	新疆维吾尔自治区	—	—	—
乌伦古湖	新疆维吾尔自治区	劣Ⅴ	氟化物（1.6）、化学需氧量（0.5）	中营养
赛里木湖	新疆维吾尔自治区	Ⅱ	—	贫营养
博斯腾湖	新疆维吾尔自治区	Ⅲ	—	中营养

14

主要统计指标解释

14.1 工业源

工业废水中污染物排放量 指调查年度作为排放源统计调查对象的工业企业排放的废水中所含化学需氧量、氨氮、总氮、总磷、石油类、挥发酚、氰化物等污染物和总砷、总铅、总汞、总镉、总铬、六价铬等重金属污染物本身的纯质量。它可采用产排污系数根据生产的产品产量或原辅料用量计算求得，也可以通过工业废水排放量和其中污染物的浓度相乘求得，计算公式为

污染物排放量（纯质量）=工业废水排放量×排放口污染物的平均浓度

（1）如企业排出的工业废水经城镇污水处理厂或工业废水处理厂集中处理的，计算化学需氧量、氨氮、总氮、总磷、石油类、挥发酚、氰化物等污染物时，上述计算公式中“排放口污染物的平均浓度”即为污水处理厂排放口的年实际加权平均浓度。如果厂界排放浓度低于污水处理厂的排放浓度，以污水处理厂的排放浓度为准。

（2）计算总砷、总铅、总汞、总镉、总铬、六价铬等重金属污染物时，上述计算公式中“工业废水排放量”为车间排放口的年实际废水量，“排放口污染物的平均浓度”为车间排放口的年实际加权平均浓度。

废气污染物排放量 指调查年度作为排放源统计调查对象的工业企业在生产过程中排入大气的废气污染物的质量。

废水治理设施数量 指调查年度作为排放源统计调查对象的工业企业用于防治水污染和经处理后综合利用水资源的实有设施（包括构筑物）数量，以一个废水治理系统为单位统计。附属于设施内的水治理设备和配套设备不单独计算。备用的、调查年度未运行的、已经报废的设施不统计在内。

只填报企业内部的废水治理设施，工业废水排入的城镇污水处理厂、工业废水集中处理厂不能算作企业的废水治理设施；企业内的废水治理设施包括一级处理设施、二级处理设施和三级处理设施，如企业有 2 个排污口，1 个排污口为一级处理（隔油池、化粪池、沉淀池等），另一个排污口为二级处理（如生化处理），则该企业有 2 套废水治理设施；若该企业只有 1 个排污口，经由该排污口的废水先经过一级处理，再经二级（甚至三级）处理后外排，则该企业视为 1 套废水治理设施。即针对同一股废水的所有水治理设备均视为 1 套治理设施，针对不同废水的水治理设备可视为多套治理设施；填报的废水治理设施应为废水污染物统计指标范围内的设施。

废水治理设施处理能力 指调查年度作为排放源统计调查对象的工业企业内部的所有废水治理设施具有的废水处理能力。

废水治理设施运行费用 指调查年度作为排放源统计调查对象的工业企业维持废水治理设施运行所产生的费用。包括能源消耗、设备维修、人员工资、管理费、药剂费及与设施运行有关的其他费用等。

废气治理设施数量 指调查年度作为排放源统计调查对象的工业企业用于减少排向大气的污染

物或对污染物加以回收利用的废气治理设施总数，以一个废气治理系统为单位统计。包括除尘、脱硫、脱硝等废气污染物统计指标范围内的设施。备用的、调查年度未运行的、已报废的设施不统计在内。

废气治理设施运行费用 指调查年度作为排放源统计调查对象的工业企业维持废气治理设施运行所产生的费用。包括能源消耗、设备折旧、设备维修、人员工资、管理费、药剂费及与设施运行有关的其他费用等。

一般工业固体废物产生量 指调查年度作为排放源统计调查对象的工业企业实际产生的一般工业固体废物的量。一般工业固体废物指企业在工业生产过程中产生且不属于危险废物的工业固体废物。根据其性质分为两种：

(1) 第Ⅰ类一般工业固体废物：按照《固体废物浸出毒性浸出方法 水平振荡法》(HJ 557—2010) 规定方法获得的浸出液中任何一种特征污染物浓度均未超过《污水综合排放标准》(GB 8978—1996) 最高允许排放浓度（第二类污染物最高允许排放浓度按照一级标准执行），且 pH 为 6～9 的一般工业固体废物；

(2) 第Ⅱ类一般工业固体废物：按照 HJ 557—2010 规定方法获得的浸出液中有一种或一种以上的特征污染物浓度超过 GB 8978—1996 最高允许排放浓度（第二类污染物最高允许排放浓度按照一级标准执行），或 pH 为 6～9 的一般工业固体废物。

主要包括：

代码	名称	代码	名称
SW01	冶炼废渣	SW07	污泥
SW02	粉煤灰	—	—
SW03	炉渣	SW09	赤泥
SW04	煤矸石	SW10	磷石膏
SW05	尾矿	SW99	其他废物
SW06	脱硫石膏		

不包括矿山开采的剥离废石和掘进废石（煤矸石和呈酸性或碱性的废石除外）。酸性或碱性废石是指采掘的废石其流经水、雨淋水的 pH 小于 4 或 pH 大于 10.5 者。

冶炼废渣 指在冶炼生产过程中产生的高炉渣、钢渣、铁合金渣、锰渣等，不包括列入《国家危险废物名录》中的金属冶炼废物。

粉煤灰 指从燃煤产生的烟气中收捕下来的细微固体颗粒物，不包括从燃煤设施炉膛排出的灰渣。主要来自电力、热力的生产和供应行业以及其他使用燃煤设施的行业，又称飞灰或烟道灰。主要从烟道气体收集而得，应与其烟尘去除量基本相等。

炉渣 指企业燃烧设备从炉膛排出的灰渣，不包括燃料燃烧过程中产生的烟尘。

煤矸石 指与煤层伴生的一种含碳量低、比煤坚硬的黑灰色岩石，包括巷道掘进过程中的掘进矸石，采掘过程中从顶板、底板及夹层里采出的矸石以及洗煤过程中挑出的洗矸石。主要来自煤炭开采和洗选行业。

尾矿 指金属、非金属矿山开采出的矿石，经选矿厂选出有价值的精矿后产生的固体废物。

脱硫石膏 指废气脱硫的湿式石灰石/石膏法工艺中，吸收剂与烟气中二氧化硫等反应后生成的副产物。

污泥 指污水处理厂污水处理中排出的、以干泥量计的固体沉淀物，不包括列入《国家危险废物名录》属于危险废物的污泥。

赤泥 指含铝的矿物原料制取氧化铝或氢氧化铝后所产生的废渣。

磷石膏 指在磷酸生产中用硫酸分解磷矿时产生的二水硫酸钙、酸不溶物，未分解磷矿及其他杂质的混合物。主要来自磷肥制造业。

其他废物 指除上述 9 类一般工业固体废物以外的未列入《国家危险废物名录》中的固体废物，如机械工业切削碎屑、研磨碎屑、废砂型等，食品工业的活性炭渣，硅酸盐工业和建材工业的砖、瓦、碎砾、混凝土碎块等。

一般工业固体废物产生量计算公式为：

一般工业固体废物产生量=（一般工业固体废物综合利用量−综合利用往年贮存量）+一般工业固体废物贮存量+（一般工业固体废物处置量−处置往年贮存量）+一般工业固体废物倾倒丢弃量

一般工业固体废物综合利用量 指调查年度作为排放源统计调查对象的工业企业通过回收、加工、循环、交换等方式，从固体废物中提取或者使其转化为可以利用的资源、能源和其他原材料的固体废物量（包括当年利用的往年工业固体废物累计贮存量），如用作农业肥料、生产建筑材料、筑路等。综合利用量由原产生固体废物的单位统计。

工业固体废物综合利用的主要方式：

序号	综合利用方式	序号	综合利用方式
1	铺路	10	再循环/再利用金属和金属化合物
2	建筑材料	11	再循环/再利用其他无机物
3	农肥或土壤改良剂	12	再生酸或碱
4	矿渣棉	13	回收污染减除剂的组分
5	铸石	14	回收催化剂组分
6	其他	15	废油再提炼或其他废油的再利用
7	作为燃料（直接燃烧除外）或以其他方式产生能量	16	其他有效成分回收
8	溶剂回收/再生（如蒸馏、萃取等）	17	用作充填回填材料
9	再循环/再利用不是用作溶剂的有机物		

综合利用往年贮存量 指调查年度作为排放源统计调查对象的工业企业对往年贮存的工业固体废物进行综合利用的量。

一般工业固体废物贮存量 指调查年度作为排放源统计调查对象的工业企业以综合利用或处置为目的，将固体废物暂时贮存或堆存在专设的贮存设施或专设的集中堆存场所内的量。专设的固体废物贮存场所或贮存设施必须有防扩散、防流失、防渗漏、防止污染大气、水体的措施。

粉煤灰、钢渣、煤矸石、尾矿等的贮存量 指排入灰场、渣场、矸石场、尾矿库等贮存的量。

专设的固体废物贮存场所或贮存设施 指符合环保要求的贮存场，即选址、设计、建设符合《一般工业固体废物贮存、处置场污染控制标准》（GB 18599—2001）等相关环保法律法规要求，具有防扩散、防流失、防渗漏、防止污染大气和水体措施的场所和设施。

工业固体废物贮存的主要方式：

序号	贮存方式
1	灰场堆放
2	渣场堆放
3	尾矿库堆放
4	其他贮存（不包括永久性贮存）

一般工业固体废物处置量 指调查年度作为排放源统计调查对象的工业企业将工业固体废物焚烧和用其他改变工业固体废物的物理、化学、生物特性的方法，达到减少或者消除其危险成分的活动，或者将工业固体废物最终置于符合环境保护规定要求的填埋场的活动中，所消纳固体废物的量。

处置方式包括填埋、焚烧、专业贮存场（库）封场处理、深层灌注及海洋处置（经海洋管理部门同意投海处置）等。

处置量包括本单位处置或委托给外单位处置的量，还包括当年处置的往年工业固体废物贮存量。

工业固体废物处置的主要方式：

处置方式
围隔堆存（属永久性处置）
填埋
置放于地下或地上（如填埋、填坑、填浜）
特别设计填埋
海洋处置
经生态环境管理部门同意的投海处置
埋入海床
焚化
陆上焚化
海上焚化
水泥窑协同处置（指将满足或经过预处理后满足入窑要求的固体废物投入水泥窑，在进行水泥熟料生产的同时实现对固体废物的无害化处置过程）
固化
其他处置（属于未在上面5种指明的处置作业方式外的处置）
土地处理（属于生物降解，适用于液态固体废物或污泥固体废物）
地表存放（将液态固体废物或污泥固体废物放入坑、氧化塘、池中）
生物处理
物理化学处理
经生态环境管理部门同意的排入海洋之外的水体（或水域）
其他处理方法

处置往年贮存量　指调查年度作为排放源统计调查对象的工业企业按照《关于固体废物处置、综合利用的作业方式的规定》的要求，处置的上一调查年度末企业累计贮存的工业固体废物的量。

一般工业固体废物倾倒丢弃量　指调查年度作为排放源统计调查对象的工业企业将所产生的固体废物倾倒或者丢弃到固体废物污染防治设施、场所以外的量。倾倒丢弃方式包括：

（1）向水体排放的固体废物；

（2）在江河、湖泊、运河、渠道、海洋的滩场和岸坡倾倒、堆放和存贮废物；

（3）利用渗井、渗坑、渗裂隙和溶洞倾倒废物；

（4）向路边、荒地、荒滩倾倒废物；

（5）未经生态环境部门同意作填坑、填河和土地填埋固体废物；

（6）混入生活垃圾进行堆置的废物；

（7）未经生态环境管理部门批准同意，向海洋倾倒废物；

（8）其他去向不明的废物；

（9）深层灌注。

一般工业固体废物倾倒丢弃量计算公式为：

一般工业固体废物倾倒丢弃量＝一般工业固体废物产生量－一般工业固体废物贮存量－（一般工业固体废物综合利用量－综合利用往年贮存量）－（一般工业固体废物处置量－处置往年贮存量）

危险废物产生量　指调查年度作为排放源统计调查对象的工业企业实际产生的危险废物的量，包括利用处置危险废物过程中二次产生的危险废物的量。

危险废物利用处置量　指调查年度作为排放源统计调查对象的工业企业从危险废物中提取物质作为原材料或者燃料的活动中消纳危险废物的量，以及将危险废物焚烧和用其他改变危险废物物理、化学、生物特性的方法，达到减少或者消除其危险成分的活动，或者将危险废物最终置于符合生态环境保护规定要求的填埋场的活动中，所消纳危险废物的量。包括本单位自行利用处置的本单位产生和送往持证单位的危险废物量，不包括接收的外单位危险废物量。

危险废物的利用或处置方式：

代码	说明
危险废物（不含医疗废物）利用方式	
R1	作为燃料（直接燃烧除外）或以其他方式产生能量
R2	溶剂回收/再生（如蒸馏、萃取等）
R3	再循环/再利用不是用作溶剂的有机物
R4	再循环/再利用金属和金属化合物
R5	再循环/再利用其他无机物
R6	再生酸或碱
R7	回收污染减除剂的组分
R8	回收催化剂组分
R9	废油再提炼或其他废油的再利用
R15	其他
危险废物（不含医疗废物）处置方式	

代码	说明
D1	填埋
D9	物理化学处理（如蒸发、干燥、中和、沉淀等），不包括填埋或焚烧前的预处理
D10	焚烧
D16	其他
其他	
C1	水泥窑协同处置
C2	生产建筑材料
C3	清洗（包装容器）
医疗废物处置方式	
Y10	医疗废物焚烧
Y11	医疗废物高温蒸汽处理
Y12	医疗废物化学消毒处理
Y13	医疗废物微波消毒处理
Y16	医疗废物其他处置方式

送持证单位量　指将所产生的危险废物运往持有危险废物经营许可证的单位综合利用、进行处置或贮存的量。危险废物经营许可证是根据《危险废物经营许可证管理办法》由相应管理部门审批颁发。

污染治理项目名称　指以治理老污染源的污染、“三废”综合利用为主要目的的工程项目名称，或本年完成建设项目竣工环境保护验收的项目名称。

项目类型　指按照不同的项目性质，老工业源污染治理项目分为两类，并给予不同的代码。

1-老工业污染源治理在建项目；2-老工业污染源治理本年竣工项目。

治理类型　指按照不同的企业污染治理对象，污染治理项目分为 14 类：

1-工业废水治理；2-工业废气脱硫治理；3-工业废气脱硝治理；4-其他废气治理；5-一般工业固体废物治理；6-危险废物治理（企业自建设施）；7-噪声治理（含振动）；8-电磁辐射治理；9-放射性治理；10-工业企业土壤污染治理；11-矿山土壤污染治理；12-污染物自动在线监测仪器购置安装；13-污染治理搬迁；14-其他治理（含综合防治）。

本年完成投资及资金来源　指调查年度作为排放源统计调查对象的工业企业实际用于环境治理工程的投资额。投资额中的资金来源，是指投资单位在本年内收到的用于污染治理项目投资的各种货币资金，包括政府其他补助和企业自筹。各种来源的资金均为调查年度投入的资金，不包括以往历年的投资。

本年污染治理资金合计＝政府其他补助+企业自筹

竣工项目设计或新增处理能力设计能力　指设计中规定的主体工程（或主体设备）及相应的配套的辅助工程（或配套设备）在正常情况下能够达到的处理能力。调查年度竣工的污染治理项目，属新建项目的填写设计文件规定的处理、利用“三废”能力；属改扩建、技术改造项目的填写经改造后新增加的处理利用能力，不包括改扩建之前原有的处理能力；只更新设备或重建构筑物，处理利用“三废”能力没有改变的则不填。

工业废水设计处理能力的计量单位为吨/天（t/d）；工业废气设计处理能力的计量单位为标米^3/

时（m^3/h）；工业固体废物设计处理能力的计量单位为吨/天（t/d）；噪声治理（含振动）设计处理能力以降低分贝数表示；电磁辐射治理设计处理能力以降低电磁辐射强度表示［电磁辐射计量单位有：电场强度单位为伏特/米（V/m）、磁场强度单位为安培/米（A/m）、功率密度单位为瓦特/米^2（W/m^2）］。放射性治理设计处理能力以降低放射性浓度表示，废水计量单位为贝可勒尔/升（Bq/L），固体废物计量单位为贝可勒尔/千克（Bq/kg）。

14.2 农业源

农业源统计调查范围包括种植业、畜禽养殖业和水产养殖业。种植业统计范围包括农作物种植和园地种植，畜禽养殖业包括生猪、奶牛、肉牛、蛋鸡、肉鸡五类畜禽的规模化养殖场及规模以下养殖户，水产养殖业包括人工淡水养殖和人工海水养殖。

种植业水污染物排放量 指调查年度农业种植过程排放的废水中所含氨氮、总氮和总磷污染物本身的纯质量。

畜禽养殖业水污染物排放量 指调查年度农业畜禽养殖过程排放的废水中所含化学需氧量、氨氮、总氮和总磷污染物本身的纯质量。

规模化畜禽养殖场 指饲养数量达到一定规模的畜禽养殖单元。各畜禽种类规模化养殖场养殖规模的标准是，生猪≥500头、奶牛≥100头、肉牛≥50头、蛋鸡≥2 000羽、肉鸡≥10 000羽。

养殖户 指饲养数量未达到规模化养殖场标准的畜禽养殖单元。各畜禽种类养殖户养殖规模的标准是，生猪＜500头、奶牛＜100头、肉牛＜50头、蛋鸡＜2 000羽、肉鸡＜10 000羽。

出栏量 指饲养动物年总出栏数量，生猪、肉牛和肉鸡以出栏量计。

存栏量 指饲养动物的年均存栏数量，奶牛和蛋鸡以存栏量计。

水产养殖业水污染物排放量 指调查年度农业人工水产养殖过程排放的废水中所含化学需氧量、氨氮、总氮和总磷污染物本身的纯质量。

14.3 生活源

生活污水污染物排放量 指调查年度内最终排入外环境生活污水污染物的量，即生活污水污染物产生量扣减经集中污水处理设施去除的生活污水污染物量，包括城镇和农村生活污水污染物排放量。

生活及其他废气污染物排放量 指调查年度内除工业重点调查单位以外的能源（煤炭和天然气）消费过程排入大气的二氧化硫、氮氧化物、颗粒物和挥发性有机物污染物的质量，以及部分生活活动（建筑装饰、餐饮油烟、家庭日化用品、干洗和汽车修补）过程排放的挥发性有机物的质量。

14.4 集中式污染治理设施

14.4.1 污水处理厂

污水处理厂包括城镇污水处理厂、工业废水集中处理厂、农村集中式污水处理设施（日处理能力20吨以上）和其他污水处理设施。

城镇污水处理厂 指对进入城镇污水收集系统的污水进行净化处理的污水处理厂。城镇污水指城镇居民生活污水，机关、学校、医院、商业服务机构及各种公共设施排水，以及允许排入城镇污水收集系统的工业废水和初期雨水。

工业废水集中处理厂 指提供社会化有偿服务，专门从事为工业园区、联片工业企业或周边企业处理工业废水（包括一并处理周边地区生活污水）的集中设施或独立运营的单位。不包括企业内部的污水处理设施。

农村集中式污水处理设施 指乡、村通过管道、沟渠将乡建成区或全村污水进行集中收集后统一处理的污水处理设施或处理厂。

其他污水处理设施 指对不能纳入城市污水收集系统的居民区、风景旅游区、度假村、疗养院、机场、铁路车站以及其他人群聚集地排放的污水进行就地集中处理的设施。

本年运行费用 指调查年度内维持污水处理厂（或处理设施）正常运行所产生的费用。包括能源消耗、设备维修、人员工资、管理费、药剂费及与污水处理厂（或处理设施）运行有关的其他费用等，不包括设备折旧费。

污水处理厂累计完成投资 指截至调查年末调查对象建设实际完成的累计投资额，不包括运行费用。

新增固定资产 指调查年度内交付使用的固定资产价值。对于新建污水处理厂，本年新增固定资产投资等于总投资；对于改建、扩建污水处理厂，本年新增固定资产投资仅指调查年度内交付使用的改建、扩建部分的固定资产投资，属于累计完成投资的一部分。

污水设计处理能力 指截至调查年末调查对象设计建设的设施正常运行时每天能处理的污水量。

污水实际处理量 指调查对象调查年度内实际处理的污水总量。

再生水利用量 指调查对象调查年度内处理后的污水中再回收利用的水量，其中，工业用水量指再生水利用量中用于工业冷却、洗涤、冲渣等方面的水量；市政用水量指再生水利用量中用于消防、城市绿化等市政方面的水量；景观用水量指再生水利用量中用于营造城市景观水体和各种水景构筑物的水量。

污泥产生量 指调查年度内在整个污水处理过程中最终产生污泥的质量。污泥指污水处理厂（或处理设施）在进行污水处理过程中分离出来的固体。

污泥处置量 指调查年度内采用土地利用、填埋、建筑材料利用和焚烧等方法对污泥最终消纳处置的质量。其中，土地利用量指将处理后符合相关要求的污泥产物作为肥料或土壤改良材料，用于园林、绿化或农业等场合的处置方式处置的污泥质量；填埋处置量指采取工程措施将处理后的污泥集中堆、填、埋于场地内的安全处置方式处置的污泥质量；建筑材料利用量指将处理后的污泥作为制作建筑材料的部分原料的处置方式处置的污泥质量；焚烧处置量指利用焚烧炉使污泥完全矿化为少量灰烬的处置方式处置的污泥质量。

污泥倾倒丢弃量 指调查年度内未做处理而将污泥任意倾倒弃置到划定的污泥堆放场所以外的任何区域的量。

14.4.2 生活垃圾处理场（厂）

生活垃圾处理场（厂）包括生活垃圾填埋场（厂）、堆肥场（厂）、焚烧场（厂）和其他方式处理生活垃圾的处理场（厂）。其中，生活垃圾焚烧场（厂）不包括垃圾焚烧发电厂，垃圾焚烧发电厂纳入工业源调查。

本年运行费用 指调查年度内维持垃圾处理场（厂）正常运行所产生的费用。包括能源消耗、设备维修、人员工资、管理费及与垃圾处理场（厂）运行有关的其他费用等，不包括设备折旧费。

新增固定资产 指调查年度内交付使用的固定资产价值。对于新建垃圾处理场（厂），本年新增固定资产投资等于总投资；对于改建、扩建垃圾处理场（厂），本年新增固定资产投资仅指调查年度内交付使用的改建、扩建部分的固定资产投资，属于累计完成投资的一部分。

渗滤液中污染物排放量 指调查年度内排放的渗滤液中所含的化学需氧量、生化需氧量、总氮、氨氮、总磷和总砷、总汞、总镉、总铅、总铬、六价铬等污染物本身的纯质量。

生活垃圾焚烧废气中污染物排放量 指调查年度内生活垃圾焚烧过程中排放到大气中的废气（包括处理过的、未经过处理的）中所含的二氧化硫、氮氧化物、颗粒物和汞及其化合物（以重金属元素计）的固态、气态污染物的纯质量。

14.4.3 危险废物（医疗废物）集中处理厂

危险废物（医疗废物）集中处理厂包括危险废物集中处理厂、（单独）医疗废物处置厂和协同处置危险废物的企业。

危险废物集中处理厂 指提供社会化有偿服务，将工业企业、事业单位、第三产业或居民生活产生的危险废物集中起来进行焚烧、填埋等处置或综合利用的场所或单位。不包括企业内部自建自用且不提供社会化有偿服务的危险废物处理装置。

医疗废物集中处置厂 指将医疗废物集中起来进行处置的场所。不包括医院自建自用且不提供社会化有偿服务的医疗废物处理设施。但具有危险废物经营许可证的医院纳入调查。

其他企业协同处置 指企事业单位在从事生产过程的同时还接受社会其他单位委托，利用其设施处理危险废物。

本年运行费用　指调查年度内维持危险废物集中处理厂正常运行所产生的费用。包括能源消耗、设备维修、人员工资、管理费及与危险废物集中处理厂运行有关的其他费用等，不包括设备折旧费。

危险废物（医疗废物）集中处理厂累计完成投资　指截至调查年末调查对象建设实际完成的累计投资额，不包括运行费用。

新增固定资产　指调查年度内交付使用的固定资产价值。对于新建危险废物（医疗废物）集中处理厂，本年新增固定资产投资等于总投资；对于改建、扩建危险废物（医疗废物）集中处理厂，本年新增固定资产投资仅指调查年度内交付使用的改建、扩建部分的固定资产投资，属于累计完成投资的一部分。

危险废物处置量　指调查年度内将危险废物焚烧和用其他改变危险废物的物理、化学、生物特性的方法，达到减少已产生的危险废物数量、缩小危险废物体积、减少或者消除其危险成分的活动，或者将危险废物最终置于符合环境保护规定要求的填埋场的活动中，所消纳危险废物的量。

工业危险废物处置量　指调查年度内采用各种方式处置的工业危险废物的总量。医疗废物集中处置厂不填写该项指标。

医疗废物处置量　指调查年度内采用各种方式处置的医疗废物的总量。

其他危险废物处置量　指调查年度内采用各种方式处置的除工业危险废物和医疗废物以外其他危险废物的总质量，如教学科研单位实验室、机械电器维修、胶卷冲洗、居民生活等产生的危险废物。医疗废物集中处置厂不填写该项指标。

危险废物综合利用量　指调查年度内以综合利用方式处理的危险废物总质量。

渗滤液中污染物排放量　指调查年度内排放的渗滤液中所含的化学需氧量、生化需氧量、总氮、氨氮、总磷、挥发酚、氰化物和总砷、总铅、总镉、总铬、六价铬和总汞等污染物本身的纯质量。

焚烧废气中污染物排放量　指调查年度内危险废物焚烧过程中排放到大气中的废气（包括处理过的、未经过处理的）中所含的二氧化硫、氮氧化物、颗粒物和汞、镉、铅等重金属及其化合物（以重金属元素计）的固态、气态污染物的纯质量。

14.5 移动源

机动车　指以动力装置驱动或者牵引，上道路行驶的供人员乘用或者用于运送物品以及进行工程专项作业的轮式车辆，包括汽车、低速汽车和摩托车。非道路移动机械，厂内自用、未在交管部门登记注册的机动车等不纳入排放源统计调查范围。

移动源废气污染物排放量　指调查年度内机动车行驶过程排入大气的氮氧化物、颗粒物和挥发性有机物的质量。

14.6 化学品环境国际公约管控物质生产或库存总体情况

全氟辛基磺酸及其盐类和全氟辛基磺酰氟、六溴环十二烷、十溴二苯醚、短链氯化石蜡、全氟辛酸及其相关化合物的定义和范围依照《关于持久性有机污染物的斯德哥尔摩公约》及其修正案（中文版）中的规定。汞的定义和范围依照《关于汞的水俣公约》（中文版）中的规定。

14.7 生态环境管理

电话举报数量 指调查年度内本级生态环境部门通过电话（包含“12369”生态环境举报热线、“12345”政府服务热线及其他座机电话）受理的所有群众举报件数。包括已受理但未办结的举报件，但不包含非本统计年受理而在本统计年内办理或办结的举报件。

微信举报数量 指调查年度内本级生态环境部门通过微信受理的所有群众举报件数。包括已受理但未办结的举报件，但不包含非本统计年受理而在本统计年内办理或办结的举报件。

网络举报数量 指调查年度内本级生态环境部门通过网络平台受理的所有群众举报件数。包括已受理但未办结的举报件，但不包含非本统计年受理而在本统计年内办理或办结的举报件。

来信、来访已办结数量 指调查年度内信访件办理部门（单位）已办理完成的数量，即对信访件交办单位或信访人已有回复意见的信访件数量。承办上级交办的信访件不统计，一次提出多个问题的信访件必须所有问题全部回复方可统计为已办结数。

承办的人大建议数 指国家、省、市、县生态环境部门承办的本年度本级人大代表建议数总和。

承办的政协提案数 指国家、省、市、县生态环境部门承办的本年度本级政协提案数总和。

当年颁布地方性生态环境法规数 指调查年度内由本级人大及其常委会颁布的新制定或者修订的，且范围限于由生态环境部门牵头起草的地方性生态环境法规数量。

当年废止地方性生态环境法规数 指调查年度内由本级人大及其常委会颁布废止的，且范围限于由生态环境部门牵头起草的地方性生态环境法规数量。

现行有效的地方性生态环境法规总数 指调查年度内由本级人大及其常委会颁布的现行有效的，且范围限于由生态环境部门牵头起草的地方性生态环境法规总数。

当年颁布地方性生态环境规章数 指调查年度内由本级人民政府新制定或者修订，以政府令形式颁布的，且范围限于由生态环境部门牵头起草的地方性生态环境规章。

当年废止地方性生态环境规章数 指调查年度内由本级人民政府以政府令形式颁布废止的，且范围限于由生态环境部门牵头起草的地方性生态环境规章。

现行有效的地方性生态环境规章总数 指调查年度内由本级人民政府新制定或者修订，以政府令形式颁布的现行有效的，且范围限于由生态环境部门牵头起草的地方性生态环境规章。

当年发布的地方生态环境质量和污染物排放标准数量　指调查年度内本级生态环境部门组织制定的、以地方标准形式发布的环境质量标准、污染物排放（控制）标准数量。

当年开展强制性清洁生产审核企业数　指调查年度内本级生态环境部门组织开展强制性清洁生产审核评估的企业数，包括通过评估和未通过评估的企业总数，以生态环境部门出具的评估意见或结论时间为准。

海洋石油勘探开发污染物排放入海情况中：

生产水　指海上钻井平台、油气生产设施等在生产、勘探过程中产生的废水。

泥浆　指钻井泥浆，用于石油勘探开发钻井过程中润滑和冷却钻头、平衡地层压力和稳定井壁，由水或油、黏土、化学处理剂及一些惰性物质组成的混合物。

钻屑　指在钻井过程中，钻头在地层研磨、切削破碎后，由钻井液从井内带至地面的岩石碎块。

机舱污水　指施工船舶在海洋石油勘探作业航行过程中所产生的废水（包含燃料油、润滑油等残留污水）。

食品废弃物　指可食用物在烹煮前食材物料处理所剩，或食用后所剩之统称。

生活污水　指海上钻井平台、油气生产设施区内厨房、洗手间排放的含有洗涤剂的污水，厕所排出的含粪、尿的污水以及医疗室排出的废水。

当年建设项目环境影响评价文件审批数量　指调查年度内批复的建设项目环境影响报告书和环境影响报告表数量，包含非本年度受理但在本年度批复的项目数量。

当年建设项目环境影响登记表备案数量　指调查年度内备案的建设项目环境影响登记表数量。

当年审批的建设项目投资总额　指调查年度内批复环评文件的建设项目投资总额，包含非本年度受理但在本年度批复环评文件的项目。

当年审批的建设项目环保投资总额　指调查年度内批复环评文件的建设项目环保投资总额，包含非本年度受理但在本年度批复环评文件的项目。

环境监测用房面积　指开展环境监测工作所需的实验室用房、监测业务用房、监测站房等面积，包括租赁用房。

环境监测业务经费　指各级生态环境部门环境监测业务经费保障情况。其中，本级经费包括应列入本级财政预算的人员经费、公用经费、行政事业类项目经费、能力建设项目经费及科研经费等；专项经费包括上级补助性收入、专项转移支付资金、专项课题经费等；事业收入指开展监测服务活动所取得的收入。

监测仪器设备台（套）数　指基本仪器设备、应急监测仪器设备和专项监测仪器设备等各类监测仪器设备的数量。

监测仪器设备原值总值　指基本仪器设备、应急监测仪器设备和专项监测仪器设备等各类监测仪器设备的购置总金额。

环境空气监测点位数　指按照《环境空气质量监测点位布设技术规范（试行）》建设，包含环境空气质量评价城市点、环境空气质量评价区域点、环境空气质量背景点、污染监控点、路边交通点等已建成并使用的监测点位。

其中：

国控监测点位数 指位于本辖区、由国家批准纳入国家城市环境空气质量监测网络的空气监测点位数。

酸雨监测点位数 指研究酸雨的时空分布及长期变化的酸雨观测站。

沙尘天气影响环境质量监测点位数 指监测沙尘天气对环境质量影响的监测点位。

地表水水质监测断面（点位）数 指用于对江河、湖泊、水库和渠道的水质监测，包括向国家直接报送监测数据的国控网站、省级、市级、县级控制断面（或垂线）的水质监测点位（断面）。

其中：

国控断面（点位）数 指位于本辖区、由国家组织实施监测的，为反映水体水质状况而设置的监测断面（点位）数。

集中式饮用水水源地监测点位数 指用以监控水源水质变化情况及趋势，为防控风险而设立的监测断面数，包括地表水饮用水水源地和地下水饮用水水源地。

其中：

地表水监测点位数 指位于本辖区、为反映地表水集中式饮用水水源地水质状况而设置的监测点位数。

地下水监测点位数 指位于本辖区、为反映地下水集中式饮用水水源地水质状况而设置的监测点位数。

近岸海域环境监测点位数 指位于本辖区、为反映近岸海域环境质量而布设的环境监测点位数量。

开展声环境质量监测的点位数 指区域噪声、道路交通噪声、功能区环境噪声监测点位的总和。

其中：

区域声环境质量监测点位数 指为评价城市环境噪声总体水平而布设的、本级承担监测任务的监测点位数。

道路交通声环境监测点位数 指为评价城市道路交通噪声源总体水平而布设的、本级承担监测任务的监测点位数。

功能区声环境质量监测点位数 指为评价声环境功能区昼、夜间达标情况而布设的、本级承担监测任务的监测点位数。

已实施自动监控的重点排污单位数 指根据污染源自动监控工作进展情况，至本调查年度末已经实现自动监控的重点排污单位数。

水排放口数 指已实施自动监控的重点排污单位中实施自动监控的水排放口数。

气排放口数 指已实施自动监控的重点排污单位中实施自动监控的气排放口数。

化学需氧量（COD）监控设备与生态环境部门稳定联网数 指已实施自动监控的重点排污单位中，其化学需氧量自动监控设备正常运行、自动监控数据（浓度和排放量）能通过数据采集与传输设备与生态环境部门稳定联网报送的企业数。

氨氮（NH_3-N）监控设备与生态环境部门稳定联网数 指已实施自动监控的重点排污单位中，其氨氮自动监控设备正常运行、自动监控数据（浓度和排放量）能通过数据采集与传输设备与生态环境部门稳定联网报送的企业数。

二氧化硫（SO_2）监控设备与生态环境部门稳定联网数 指已实施自动监控的重点排污单位中，其二氧化硫自动监控设备正常运行、自动监控数据（浓度和排放量）能通过数据采集与传输设备与生态环境部门稳定联网报送的企业数。

氮氧化物（NO_x）监控设备与生态环境部门稳定联网数 指已实施自动监控的重点排污单位中，其氮氧化物自动监控设备正常运行、自动监控数据（浓度和排放量）能通过数据采集与传输设备与生态环境部门稳定联网报送的企业数。

烟尘监控设备与生态环境部门稳定联网数 指已实施自动监控的重点排污单位中，其烟尘自动监控设备正常运行、自动监控数据（浓度和排放量）能通过数据采集与传输设备与生态环境部门稳定联网报送的企业数。

纳入日常监管随机抽查信息库的污染源数量 指调查年度内生态环境部门按照《关于在污染源日常环境监管领域推广随机抽查制度的实施方案》要求，列入污染源日常监管动态信息库的排污单位数量。

日常监管随机抽查污染源数量 指调查年度内生态环境部门按照《关于在污染源日常环境监管领域推广随机抽查制度的实施方案》要求，在日常监管中随机抽查污染源的数量。

下达处罚决定书数 指调查年度内生态环境部门下达行政处罚决定书的数量。

罚没款数额 指调查年度内生态环境部门罚没款的总额。

举办环境执法岗位培训班期数 指调查年度内生态环境部门举办环境执法岗位培训班期数。

环境执法岗位培训人数 指调查年度内参加环境执法岗位培训并考核通过的人数。

举办其他环境执法业务培训期数 指调查年度内环境执法机构组织的除岗位培训外的其他业务培训班期数。

环境执法其他业务培训人数 指调查年度内环境执法机构举办的其他业务培训的参加人数。

当年突发环境事件发生数 指调查年度内本级生态环境部门处置的所有突发环境事件数。包括已处置但未办结的突发环境事件，但不包含非本统计年发生而在本统计年内处置或办结的突发环境事件。